快乐的钥匙，在你的口袋

刘亚男　编著

吉林文史出版社
JILIN WENSHI CHUBANSHE

图书在版编目（CIP）数据

快乐的钥匙，在你的口袋 / 刘亚男编著. -- 长春：吉林文史出版社，2019.9（2023.9重印）

ISBN 978-7-5472-6472-0

Ⅰ. ①快… Ⅱ. ①刘… Ⅲ. ①成功心理－通俗读物 Ⅳ.①B848.4-49

中国版本图书馆CIP数据核字(2019)第153406号

快乐的钥匙，在你的口袋

KUAILE DE YAOSHI ZAI NIDE KOUDAI

编　　著	刘亚男
责任编辑	魏姚童
封面设计	韩立强
出版发行	吉林文史出版社有限责任公司
地　　址	长春市净月区福祉大路5788号
网　　址	www.jlws.com.cn
印　　刷	天津海德伟业印务有限公司
版　　次	2019年9月第1版　2023年9月第3次印刷
开　　本	880mm×1230mm　1/32
字　　数	145千
印　　张	6
书　　号	ISBN 978-7-5472-6472-0
定　　价	32.00元

前　言

　　昨天不过是一场梦，明天也只是一个幻影。但生活在今天，却能使昨天是快乐的梦，明天变成有希望的幻影。

　　我们小时候，都喜欢幻想，望着天空发呆，幻想着种种未来，等到长大了，还抱着儿时的梦想，做梦的能力很高，执行的能力却很低。一旦遭遇到打击，那脆弱不堪的梦就会破碎。抱怨和悲观开始充斥我们的头脑，在这短暂而又没有续集的人生中，为何要让自己如此疲惫不堪呢？

　　我们常会怪罪自己，给自己很低的评价，也习惯对结果做最坏的打算；倘若听到他人有所成就，而自己却受到批评、与人争执，或者工作上出了纰漏，往往就觉得自己很糟糕，甚至对自己感到失望；生命中难有一刻可以安静地坐下来，试着什么也不做……一言以蔽之，我们总是觉得自己不够完美，生活太多苦恼。

　　我们还常常因为恐惧而将矛头指向自己，把自己当成敌人，视自己为问题的根源。我们总是悲观处事，总是认为自己哪里做错了事，总是关注他人的缺失。我们只有停止与自己为敌，学习以充满智慧的慈悲心来面对生活、面对自己的脆弱时，才能从这恐惧与疏离的迷惘中解脱。

　　快乐其实很简单，快乐的密码就是我们自己。本书将帮你洞察生命的真谛，瞬间打开心灵的暗门，从此全然接受不完美的自己，继而发现存在的价值，活出生命的意义！

目 录

第一章 心情是一种选择

第二章 欲望会导致生活失衡

第三章 定时清扫自己的情感垃圾

第四章　每个人身边都有天使

第五章　给心灵洗个澡

第六章　当爱走近

第七章　好心情由我决定

第八章　淡定的人生境界

第九章　快乐加速度

第十章　让幸运来敲门

第十一章　命运靠自己拐弯

第一章

心情是一种选择

同样是进大观园，刘姥姥欣喜异常，林妹妹伤心不已。面对同样的江水，李后主浅吟低唱：问君能有几多愁，恰似一江春水向东流。苏东坡纵酒高歌：大江东去，浪淘尽，千古风流人物！

景无异，人有别。不同的人，有不同的心情。不同的心情，导致了人对外界不同的感受。

心情的好坏，其实只是一种选择。你选择戴上乐观的眼镜，你看到的世界会处处明亮；你选择戴上悲观的眼镜，你看到的世界将是一片灰色。

你就是自己心灵的船长

从前，在威尼斯的一座高山顶上，住着一位年老的智者。至于他有多么老，为什么会有那么多的智慧，没有一个人知道，人们只是盛传他能回答任何人的任何问题。有两个调皮的小男孩不以为然，甚至认为可以愚弄他，于是就抓来了一只小鸟放在手心，一脸诡笑地问老人："都说你能回答任何人提出的任何问题，那么请你告诉我，这只鸟是活的还是死的？"

老人想了想，完全明白这个孩子的意图，便毫不迟疑地说："孩子啊，如果我说这鸟是活的，你就会马上捏死它；如果我说它是死的呢，你就会放手让它飞走。孩子，你的手掌握着生杀大权啊！"

同样地，我们每个人都应该牢牢地记住这句话，每个人的手里都握着左右心情好坏的大权。

一位朋友讲过他的一次经历："一天下班后我乘中巴回家，车上的人很多，过道上站满了人。站在我面前的是一对恋人，他们亲热地互相挽着，那女孩背对着我，她的背影看上去很标致，高挑、匀称、活力四射，她的头发是染过的，是最时髦的金黄色，穿着一条最流行的吊带裙，露出香肩，是一个典型的都市女孩，时尚、前卫、性感。他们靠得很近，低声絮语着什么。女孩不时发出欢快的笑声，笑声不加节制，好像是在向车上的人挑衅：你们看，我比你们快乐得多！笑声引得许多人把目光投向他们，大家的目光里似乎有艳羡。不，我发觉他们的眼神里还有一种惊讶，难道女孩美得让他们吃惊？我突然有一种想看看女孩的脸的冲动，想要看看那张洋溢着幸福的脸是何等精致与美丽。但女孩没回头，她的眼里只有她的情人。

后来，他们大概聊到了电影《泰坦尼克号》，这时那女孩便轻轻地哼起了那首主题歌，女孩的嗓音很美，把那首缠绵悱恻的歌处理得很到位，虽然只是随便哼哼，却有一番特别动人的力量。我想，只有足够幸福和自信的人才会在人群里肆无忌惮地欢歌。这样想来，便觉得心里酸酸的，像我这样从内到外都极为自卑的人，何时才会有这样旁若无人的欢乐歌声？

很巧，我和那对恋人在同一站下了车，这让我有机会看到女孩的脸，我的心里有些紧张，不知道自己将看到一个多么令人悦目的绝色佳人。可就在我大步流星地赶上他们并回头观望时，我惊呆了，我也理解了在此之前车上那些惊诧的眼睛。我看到的是张什么样的脸啊！那是一张被烧坏了的脸，用'触目惊心'这个词来形容毫不夸张！真搞不清，这样的女孩居然会有那么快乐的心境。"

朋友讲完他的故事后，深深地叹了口气感慨道："上帝真是公平的，他不但把霉运给了那个女孩，也把好心情给了她！"

其实掌控你心灵的，不是上帝，而是你自己。世上没有绝对幸福的人，只有不肯快乐的心。你必须掌握好自己的心舵，下达命令，来支配自己的命运。

你是否能够对准自己的心下达命令呢？倘若生气时就生气，悲伤时就悲伤，懒惰时就偷懒，这些只不过是顺其自然，并不是好的现象。释迦牟尼说过："妥善调整过的自己，比世上任何君王更加尊贵。"由此可知，任何时候都必须明朗、愉快、欢乐、有希望、勇敢地掌握好自己的心舵。

心情的好坏，完全取决于你个人。你可以驾驭你的命运，不单只是与它合作，因为你能在某种程度上使它朝你引导的方向发展。你是你心灵的船长，不只是它安静的乘客。

用积极的字眼给自己暗示

国人一向谦虚为怀，与人交流是这样的。

你问他：工作怎么样？

他一般答道：我这算什么，混口饭吃，哪能跟你比。

你问他：收入还行吧。

他答道：饿不死，这年头赚钱难啊。

再问他：近来好吧。

他答道：好啥呀，我算是过一天算一天了。

再问他：父亲身体好吧。

他大叹：别提了，三天两头去医院，我的工资还不够他看病呢，命苦啊。

……人若总是用这种语言与他人交流，会让自己意志消沉，提不起精神，不敢有所为，消磨了斗志，失去人生本有的追求，最终在犹豫不决中失去了一次又一次的机会。

不同的语言会给人带来不同的心境，积极的语言会引导我们朝积极的方面思考，于是带来意想中的结果。

要改造自己，首先要从自己的语言开始。

我们发现，乐观的人很少会用这些负面的字眼，他们会用正面的字眼来代替。

例如，他们不说"有困难"，而说"有挑战"；不说"我担心"，而说"我在乎"；不说"有问题"，而说"有机会"。

感觉是否完全不同了呢？

一旦开始使用正面的字眼，心中的感觉就积极起来了，就会更有动力去面对生活，不是吗？

除此之外，乐观的人也会把一些中性的字眼，变得更正面些。

例如"改变"就是个中性字眼，因为改变有可能是好的，但也有可能越变越糟。

试试看，如果把"我需要改变"，换成"我需要进步"，这就暗示了自己是会越变越好的，心情自然就开朗起来了。

所以说话其实需要字字琢磨，只要改变你的负面口头禅，换成正面积极的字眼，你就会立刻感到积极乐观起来。

天使为什么能够飞翔

天使，她总是飞翔在我们至真至纯至美的那片心空，抚慰着我们脆弱的心灵。那么，天使为什么能够飞翔呢？美国有句谚语这样说："天使之所以能够飞翔，是因为她把自己看得很轻。"

把自己看得轻一些，不是自卑，也不是故作谦虚，而是一种坦然，一种从容。美国前总统克林顿就有一次这样的经历：有一次他来到一所医院视察，一个十来岁的小男孩使劲挤到他的面前问他要签名，他高兴地答应了小男孩的要求。

不料，小男孩突然说："总统先生，你可以给我签四张吗？"克林顿不明白，问："你为什么要那么多呢？"小男孩挠挠头说："我只想要你一张签名，可是我想用另外三张去换一张乔丹的签名照。"

克林顿愣了一下，笑着说："完全可以！我有个侄子也喜欢乔丹，我可以给你签六张，你帮我的侄子也换一张乔丹的签名照，好吗？"

这位叱咤风云的美国总统面对一个孩子也不得不把自己看轻。

在一家医学院学习的梅子居然和她的另外5位寝友到了同一所医院实习。因为她们学习的专业相同，她们都被安排在妇产科实习。在学校能够一起学习生活，实习又能够在一起，这让6姐妹非常欢喜。但没有多久，一个问题残酷地摆到6姐妹面前，这所医院最后只能留用其中一人。

能够留在这所省内最高等级的医院是6姐妹的共同渴望，但她们不得不面对"有你无我，有我无你"的残酷竞争与淘汰。毕业的日子越来越近，6姐妹的较量也越来越激烈，但她们始终相互激励着，相互祝福着。院方为了确定哪一名被留用，举行了一次考核，结果出来了，面对同样出色的6姐妹，院方一时也不知道该如何取舍。但现实是，院方只能够留用一人。

6姐妹中，开始有人表示自己家在外省，更喜欢毕业后能够回到家乡；有的人干脆说家乡的小县城已经有医院同意接收她……美丽的谎言感动着一个又一个人。

这天，6姐妹都突然接到一个相同的紧急通知，一名待产妇就要生产，医院需要立刻前往她家中救治。6姐妹急匆匆地上了急救车。一名副院长、一名主任医生、6名实习医生、两名护士同时去抢救一名待产妇，如此隆重的阵势让六姐妹都感觉到一种前所未有的紧张。

有人悄悄地问院长，是什么样的人物，需要这样兴师动众？

院长简单地解释道："这名产妇的身份和情况都有些特殊，让你们都来，也是想让你们都不要错过这个机会，你们可都要认真观察学习。"车内一片沉寂。待产妇家很偏僻，急救车左拐右拐终于到达时，待产妇已经折腾得满头汗水。

医护人员七手八脚把待产妇抬上急救车后，发现了一个问题，车上已经人挤人，待产妇的丈夫上不来了。人们知道，待产妇到达医院进行抢救，是不能没有亲属在身边办理一些相关手续的。

人们都下意识地看向副院长，副院长低头为待产妇检查着，头都未抬说道："快开车！"所有人都怔住了，不知道该如何是好。这时候，梅子突然跳下了车，示意待产妇的丈夫上车。急救车风驰电掣地开往医院。

等梅子气喘吁吁赶回到医院的时候，已经是半小时后了。在医院门口，她被参加急救的副院长拦住了，副院长问她："这么难得的学习机会，你为什么跳下了车？"梅子擦着额头的汗水回答道："车上有那么多医生、护士，缺少我不会影响抢救的。但没有病人家属，可能会给抢救带来影响。"

三天后，院方的留用结果出来了，梅子成为幸运者。院长说出了理由："三天前的那一场急救是一场意外的测试。将来无论你们走到哪里，无论从事什么职业，都应该记住一句话，天使能够飞翔，是因为把自己看得很轻。"

快乐至死的金圣叹

享受心中的快乐和幸福，实在是没有一个固定的模式，到底怎样生活才算快乐？乞讨或挨饿的人，一顿粗茶淡饭就是美味佳肴了，而养尊处优的人或许反倒食欲不佳。在骄阳下耕作的农民，到田头树荫下喝杯茶吸口烟，就是莫大的享受。终日坐在书斋中苦读的疲倦书生是想依靠在床头假寐一会儿，而病卧床榻的人则希求能到花园里散步或能在运动场上跑步。

明朝大文学批评家金圣叹在《西厢记》的批语中，曾写下他觉得最快乐的时刻，这是他和他的朋友于十日的阴雨连绵中，住在一所庙宇里写出来的，一共有三十三则，每则的结尾都有"不亦快哉"的感叹。在这些快乐时刻中，可以说是精神和感官紧密联系在一起的。下面选录几则：

其一：夏七月，赤日经天，既无风，亦无云；前庭赫然如烘炉，无一鸟敢来飞。汗出遍身，纵横成渠。置饭于前，不可得吃。呼簟欲卧地上，则地湿如膏，苍蝇又来缘颈附鼻，驱之不去。正莫可如何，忽然天黑如车轴，澎湃之声，如数百万金鼓，檐溜浩于瀑布。身汗顿收，地燥如扫，苍蝇尽去，饭便得吃。不亦快哉！

其一：空斋独坐，正思夜来床头鼠耗可恼，不知其戛戛者是损我何器，嘻嘻者是裂我何书。心中回惑，其理莫措，忽见一猔猫，注目摇尾，似有所睹，敛声屏息，少复得之。则疾起如风，棵然一声，而此物竟去矣。不亦快哉！

其一：街行见两汉执争一理，皆目裂颈赤，如不共戴天，而又高拱手，低曲腰，满口仍用"者也之乎"等字。其语刺刺，势将连年不休。忽有壮夫掉臂行来，振威从中一喝而解，不亦快哉！

其一：子弟背书烂熟，如瓶中泄水，不亦快哉！

其一：饭后无事，入市闲行，见有小物，戏复买之，买亦成矣，所差者甚少，而市儿苦争，必不相饶。便掏袖中一件，其轻重与前真相上下者，掷而与之。市儿忽改容，拱手连称不敢。不亦快哉！

其一：朝眠初觉，似闻家人叹息之声，言某人夜来已死，急呼而讯之，正是一城中第一绝有心计人。不亦快哉！

其一：重阴匝月，如醉如病，朝眠不起。忽闻众鸟尽作弄晴之声，急引手搴帷，推窗视之，日光晶莹，林木如洗。不亦快哉！

其一：久欲为比丘，苦不得公然吃肉。若许为比丘，又得公然吃肉，则夏月以热汤快刀，净割头发。不亦快哉！

其一：存得三四癞疮于私处，时呼热汤关门澡之。不亦快哉！

其一：坐小船，遇利风，苦不得张帆，一快其心。忽逢疾行如风。试伸挽钩，聊复挽之，不意挽之便着，因取缆缆其尾，口中高吟老杜"青惜峰峦，共知橘柚"之句，极大笑乐。不亦快哉！

其一：冬夜饮酒，转复寒甚，推窗试看，雪大如手，已积三四寸矣。不亦快哉！

其一：久客得归，望见郭门，两岸童妇，挥臂作故乡之声。不亦快哉！

其一：推纸窗放蜂出去，不亦快哉！

其一：作县官，每日打鼓退堂时，不亦快哉！

其一：看人风筝断，不亦快哉！

其一：看野烧，不亦快哉！

其一：还债毕，不亦快哉！

看完金圣叹的"不亦快哉"，我现在也感到了"快哉"。看来，"快哉"其实无处不在。

试试换个角度看

林黛玉是个痴心的姑娘，钟情于贾宝玉。一天，她无意之中听到丫头雪雁在与紫鹃说悄悄话，雪雁轻轻告诉紫鹃"宝玉定亲了"。听罢，黛玉便感到一阵头晕，脸色苍白，好像被谁掷在大海里一般，跌跌撞撞回到了潇湘馆；便一病不起，一日重似一日，太医治疗，全无效果。

又一天，黛玉在昏睡中又听得雪雁与侍书在闲聊，说的又是宝玉的亲事。她俩说，宝玉没有定亲，老太太心里已经有了人了，这个人是"亲上加亲，就在园中住着"。黛玉心里寻思，这个"亲上加亲，就在园中住着"的人，莫不是自己吧，顿时心神觉得清爽了许多，病竟渐渐地好了。

黛玉的病是心病，是心理挫伤引起的病。可见心理对健康的影响之大。波涛汹涌的大海茫茫无际，一艘帆船在波峰浪谷间颠簸起伏，危在旦夕。一位年轻的水手爬向高处去调整风帆的方向，他向上爬的时候犯了一个错误，低头向下看。浪高风急使他非常恐惧，腿开始发抖，身体失去了平衡。这时一位老水手在下面大喊："向上看，孩子，向上看！"这个年轻的水手按他说的去做，重新获得了平衡，将风帆调好了。船终于驶向了预定的航线，躲过了一场灾难。

向下看，浪高风急，向上看，天阔地宽。处在同一环境，姿势不同，结果大不一样。正如两个人同时看到桌子上放着半杯水，悲观者愁眉苦脸地说："唉！只剩下了半杯水。"乐观者喜出望外地喊："哇！还有半杯水。"

当你的心情因某些事物而不好时，试试换个角度看问题，也许你就能换一种心情。

人生最大的不幸

"你幸福吗?"

面对这样一个问题,究竟有多少人的回答是肯定的。感觉到自己幸福的人总是很少,其实幸福真的很简单,简单到连它来到我们身边,我们都无法察觉。然而,在寻找幸福的大军里,我们缺少的是标着真正的"幸福含义"的旗帜。幸福是一种感觉,你感觉到了,便是拥有。能够珍惜自己拥有的全部的人,就是最幸福的人。

幸福是什么?是自己心底的感觉,而不是别人的评论。真正的幸福,只有自己才懂,每个人的幸福含义,都不尽相同。功成名就,富贵荣华就一定幸福吗?然后终于明白了幸福其实就是一种感觉,你感觉到了,便是拥有。而珍惜拥有,便是幸福。

有一个富翁,非常的有钱。凡是可以用钱买得到的东西,他都买来拥有享受。然而,他却觉得自己一点也不快乐不幸福,他很困惑。

一天,他突发奇想,将家中所有贵重物品、首饰、黄金、珠宝通通装入一个大袋子中,开始去旅行。他决定只要谁可以告诉他幸福的方法。他就把整个袋子送给他。

他找了又找,问了又问。直到一个小村庄。有位村民告诉他:"你应该去见这位大师,如果他也没办法,就算你跑到天涯海角,也没有人可以帮你了!"

终于见到了正在打坐的大师。富翁非常激动地说:"我只有一个目的,我一生的财产都在这袋子里。只要你能告诉我幸福的方法,袋子就是你的了。"

　　这时天色已黑，夜已降临。大师顿时抓了富翁手上的袋子，就往外跑了。富翁一急，又哭又叫地追着跑，毕竟是外地人，不一会，就跟丢了。只见富翁一边哭一边说："我被骗了，我一生的心血。"

　　最后大师跑了回来，将袋子还给了他，富翁见到失而复得的袋子，立刻将其抱在怀里，一直说：太好了！

　　只见大师再度出现在他的面前问："你现在觉得如何？幸福吗？"

　　"幸福！我觉得自己真的太幸福了！"

　　大师笑说："这并不是什么特别的方法。只是人对于自己所拥有的一切，都视之为理所当然，所以不觉得幸福，你欠缺的是一个失去的机会。这样你马上就会知道。你所拥有的有多重要。其实你现在怀里所抱的袋子与之前的是同一个，现在你还愿意把它送我吗？"

　　就如常说的。人总是一直在意已失去的。却不懂得珍惜还拥有的。

　　随着成长，发觉自己再也不是那一张白纸，上面有了太多太多复杂的图案。幸福来得很快，走得也快。只是，在幸福还在的时候，我们没有努力抓住它。所以才放走了幸福，回到原点，一个人孤独地走。很多人会有同样的感觉，当幸福还在的时候，觉得理所当然，一旦失去了才知道要珍惜拥有。可在你懊悔的时候，幸福不会再停下脚步来等你，永远不会。

　　一条鱼，生活在大海里，总感到没有意思，一心想找个机会离开大海。一天，它被渔夫打捞上来，高兴得在网里摇头摆尾，"这回可好啦！总算逃出了苦海，可以自由呼吸了。"乐得直蹦高。

　　它蹦得的确很高。当听到渔夫与他儿子议论着用什么方法将它烹饪的时候，它重重地摔了下来，很严重，它被摔错了。

　　醒来时，鱼发现自己竟仍在水中，一口破旧的缸。它那身漂亮的斑纹救了它。渔夫决定把它养下，少吃一条鱼实在无所谓，何况它是一条多么美丽的鱼。

　　鱼在那只破水缸里欢畅地游来游去。缸虽然很小，可它仍不停地游。一口水缸和一条漂亮的鱼，快乐的鱼。

　　每天，渔夫总会在往鱼缸里放些鱼虫，鱼很高兴，不停地晃动着身子，展示漂亮的鳞片，讨渔夫喜欢。渔夫真的乐了，又撒下大把鱼虫，鱼大口地吃着，累了则可以停下，打个盹。鱼儿开始庆幸自己美妙的命运，庆幸现在的生活，庆幸自己一身花衣。想到当初在海中，每天不得不自己出去寻找食物，还得时时提防大敌的突然袭击。那些朋友可能已天没吃过东西，也可能已成了他人腹中之物。想到这，它大口咽下一群虫，自言自语道：这才是生活。

　　在它眼中，这分明是一条漂亮鱼应得的待遇。

　　日子一天一天地过，鱼儿一天千天地游。它似乎有些厌倦，但再也不愿回来海了；"我是一条漂亮鱼"，它总这么对自己说。

　　渔夫要出海了，这次可能是出远海，十天半月才能回家。留下儿子一人。第一天鱼没按时吃到鱼虫。第二天依然没有吃的，它开始欣然接受渔夫儿子这样怠慢一条漂亮鱼。第三天，它渐渐支持不住，饿得发慌。想到海中，十天找不到食物，他依然行动敏捷，现在身子是发了福，只是游水的本领大不如以前了。第四天，终于有吃的了，不是鱼虫，而是渔夫儿子吃剩的残羹剩饭。顾不上嫌弃，鱼大嚼起来。它实在不行了。渔夫的儿子总是隔三岔五地送些残羹。鱼儿抱怨不停。

　　终于，消息传来，渔夫遇难了。渔夫儿子收拾了东西搬走了，他把什么都带上了，只忘了那条漂亮的鱼。鱼在缸里大喊："嗨！带上我，别丢下我！"没人理睬它。

　　四周静悄悄，只剩下一口破水缸，一条漂亮鱼。

鱼很悲伤。想到昔日渔夫待它实在不薄，现在却遇难身亡，它十分悲伤。想到自己今后，无人照料，困于水缸。

鱼抱怨水缸太小，抱怨伙食太差，抱怨渔夫儿子对它无礼，抱怨渔夫轻易出海，甚至抱怨它决意离开海时的伙伴们为何不加劝阻，抱怨它所认识的一切，只忘了抱怨它自己。

它又开始幻想。一个富商路过此处，发现一条漂亮鱼，于是把它小心地收好，养在家中的大水塘，每天都有可口的鱼虫。

太阳升起来了，四周静悄悄，只剩下一口破水缸，一条漂亮鱼，死鱼。

真的，很漂亮。

可是这条漂亮的鱼恐怕难逃死亡的命运。

鱼是如此，人也是如此，本应有的幸福不去享受，总是憧憬那些不属于自己的东西，最终也难以找到想要的幸福。

人生不停地在岁月中错杂着变换，许多曾经很特别的感觉在脑海中慢慢被平息，甚至消失得无影无踪。偶然有些回忆如海浪被风掠过然后波涛汹涌。人生就像电脑的浏览器，一旦选择了链接就无法回头。想回头，已是不可能的了。于是只能选择继续向前走，拼命地奔跑。

幸福并不是完美和永恒，而是心灵和生活万物的感应和共鸣，是生命和过程的美丽，是内心对生活的感觉和领悟。就像是花朵在黎明前开放的一刻，秋叶在飘落的瞬间，执手相看时的泪眼，心中的阴晴圆缺……每个的时光都是幸福的。

人生最大的不幸。就是身在福中不知福。我们很少想到自己还拥有什么。对于失去的。欠缺的却一直念念不忘。所以说。上天为了要使我们有看见的能力。就安排了各种失去的课程。

第二章

欲望会导致生活失衡

　　人生之苦，主要是苦在心灵。想得到的得不到，痛苦；得到了发现不过如此，痛苦；得到后失去了，痛苦。人啊，得不到时痛苦，得到了也痛苦，得到后失去了还是痛苦。

　　欲望如同一把燃烧的火，我们在受其召唤前行时，一不小心也会被它灼伤。一个人不要贪婪、不要太累了，要懂得有失才会有得的道理，适当调节自己的心态，少些欲望、少些贪念，人生才能奏出悠扬美丽的曲调。

贪婪是万恶之源

　　我们都知道：饭不宜吃得过多，最好是吃八分饱。其实，我们在生活中也应该遵循八分饱的尺度。十分、十二分会撑，一分、二分饿着了，八分饱正好。北宋哲学家邵雍就曾说："知行知止惟贤哲，能屈能伸是丈夫。"行于其所当行，止于其所当止；屈于其所当屈，伸于其所当伸。对自己不放纵、不任意，对别人不挑剔、不苛求，对外物不贪恋、不沉沦。该享受则享受，当劳累便劳累，依理而行，循序而动。如果必须，做得天下，若非合理，毫末不取。

　　然而，在我们的身边，真正能做到八分饱的人实在不多。在当今社会的各个角落，被"撑死"或被"撑坏"的人处处可见。破产的企业家，入狱的官员，这些所谓的"精英"在名、利、色的诱惑之下，贪婪地索取着，直到"撑死"。精英尚且如此，平常人又岂会高明到哪里去？

　　乐不可极，乐极生悲；欲不可纵，纵欲成灾。酒饮微醉处，花看半开时。贪婪者往往被物所役而利令智昏，而深味八分饱者却能役物。一个人只有役物，才能在物欲横流的沧海中冷静进取、保持一种高蹈轻扬的人生态度。

　　天使看到一个贫穷的农夫居无片瓦、食不果腹、衣不遮风的样子，动了恻隐之心，决定帮帮这个可怜的人。于是，在一个清晨，天使对农夫说，只要他跑一圈，并在日落前跑回来，那么他所跑过的土地就全部归其所有。

　　农夫听了天使的话，高兴得赶紧朝前跑去。他跑啊跑啊，累了想停下来休息一会儿时，想到家里的妻子儿女们都需要更多的土地来保障优越的生活，又打起精神拼命地往前跑……有人告诉他，你到了该往回跑的时候了，不然，你就无法在天黑之前回到起点。农夫根本听不进去，他只想得到更多的土地，更多的金钱，更多的享受。直到太阳快要下山，他才拼命地往回跑。然而，那么远的距离，要怎样的速度才能赶在太阳下山前跑回去呢？最后，又累又急又渴又饿的农夫，终因心衰力竭，倒在太阳的余晖下。生命没有了，土地没有了，一切都没有了，过分的贪婪使他失去了一切。

纵观社会，总能够找到不少农夫的身影。不可否认，人的欲望有很多，口腹之欲只不过是其中的一种而已。除此以外，还有对金钱的占有欲，对权力的获得欲，对美色的拥有欲……欲望没有止境，而我们的心中应该有一个度。多少人因为放纵了自己的欲望，十分甚至十二分地去满足自己，结果或是竹篮打水一场空或是身陷囹圄空余恨。

明末清初有一本书叫《解人颐》，其中的有一首诗把贪婪者的心态刻画得入木三分："终日奔波只不饥，方才一饱便思衣；衣食两般皆供足，又想娇容美貌妻；娶得美妻生下子，恨无田地少根基；买得田园多广阔，出入无船少马骑；槽头拴了骡和马，叹无官职被人欺；县丞主簿还嫌小，又要朝中挂紫衣；做了皇帝求仙术，更想升天把鹤骑；若要世人心里足，除非南柯一梦兮。"当然，这是夸张的写法，却形象地反映了一些人的贪婪心态。

两千多年前，老子就在《道德经》里说："知足者富"，但就这么四个字的道理，至今还是有很多人没有参破。贪婪者往往被物所役，而知足者却能役物。一个人只有知足，才能保持一种高蹈轻扬的人生态度。因此，在我们辛苦工作、奔波劳累的空当，不妨静下心来问自己一句：我是否吃得太饱，是否要得太多？

有欲望并不是一件坏事。每一个正常人都有欲望，有欲望乃是人之常情。问题是，面对欲望，我们应有一个度的把握，装填过少则行动力不足，装填过多又会造成翻车等严重后果。

需求有限，欲望无限

从某种意义上说，金钱似乎是万能的，它几乎能购买人类社会中的所有物质东西。

但细心来探讨一下，金钱所能买到的物质或享受又是极其有限的。金钱不能满足人生的一切，尤其是对于人的精神和灵性生活，充其量，金钱只是无数工具中的一个，既不是唯一的，也不是必不可少的。

在我们日常生活中，除了物质享受外，金钱并不能给我们带来真正的爱情、友谊、生命以及内心的愉快和心灵的满足，而后者这种精神生活才是快乐的泉源。

没有精神的快乐，任何物质本身都不能给人带来满足和快乐。

有些人不这么看，以为金钱是万能的。但当他们处心积虑千方百计获得金钱后，却招来了很多烦恼，积聚越多，负担越重。然后，才恍然大悟，认识到金钱并非是万能的。但往往这些人是在自己几乎耗费了整个人生后才意识到这一点，回天无力，只能带着遗憾和用全部生命换来的教训撒手人寰。

实际上，当人把金钱看作万能时，无形之中也使自己变成了金钱的奴隶。

原本希望有钱后可买到更多的自由，却在一开始就把自己卖身到金钱的奴役中，所以无论怎样努力，都不能改变为奴的身份和地位，到头来也就根本没有内心的愉快。

凡是用金钱买得到的东西，都是平凡而容易获得的，唯独金钱买不到的东西，才是珍贵而有价值的。以下所列的是真正有价值而金钱买不到的东西：

（1）健康的生命；

（2）真正的爱情；

（3）纯洁的友谊；

（4）内心的平安；

（5）家庭的幸福；

（6）智慧聪明；

（7）身心愉快；

（8）满足；

……

所以，金钱的力量是相当有限的。当我们缺乏它的时候，便觉得它重要，但当需要达到满足时，如衣食住行的问题解决后，金钱的威力就愈来愈小了。比如，水是我们最重要的东西，当我们急切需要的时候，如甘露般的珍贵，在沙漠里的水比黄金还有价值，所谓渴时一滴如甘露。可是一旦水源充足，满足了对水的基本需求时，那么，我们对水的需求便不觉得迫切了。因为，人的身体对水的需求是个一定的量，并非无限的需求。人对金钱的需求也是如此，我们并不需要无限多的金钱，那种所谓的对金钱的无限需求，只是人的精神无限需求的一种错位而已。这种错位，将扭曲我们的人性，破坏我们的心情。

心灵一旦为奢望所侵蚀，人就无法摆脱烦恼。只有扑灭奢望之火，心灵才会在宁静与平和中得到安详与快乐。

把名利看淡些

乾隆皇帝下江南时，来到江苏镇江的金山寺，看到山脚下大江东去，百舸争流，不禁兴致大发，随口问一个老和尚："你在这里住了几十年，可知道每天来来往往多少船？"老和尚回答说："我只看到两只船。一只为名，一只为利。"

真是一语道破天机！

让我们继续看下面的故事：

有个人整天烦恼缠身，患得患失，什么事情也不想干，于是就去寻求能够解脱烦恼的秘诀。

一天，他走到一座山脚下，看见生长着绿草的牧场有个牧羊人骑着马，嘴里吹着笛子，发出悠扬的韵调，非常逍遥自在。于是他问这个牧羊人："你怎么过得这么快乐？能教会我怎么才能像你一样快乐，没有苦恼吗？"

牧羊人说："没什么，骑骑马，吹吹笛，什么烦恼都忘记了。"

他试了试，但却没有什么效果，于是，他放弃了这个方法，又去继续寻求。不久，他来到一座庙宇，看见一个老和尚在洞里修行，面带微笑，看起来是个智慧的人。

他深深地鞠了一个躬，向老和尚说明来意。

老和尚说："你想寻求解脱吗？"

他说："是。"

老和尚说："有人把你捆住了吗？"

他说："不是。"

老和尚又说："既然没人捆你，谈什么解脱呢？"

　　人往往是自己不能醒悟，凡事执迷不悟，岂不知做人要几分淡泊，名和利都是羁绊，你若太执着，哪能有解脱呢？

　　古人说，"世人熙熙，都为名来；世人攘攘，都为利往。"人活在世上，无论贫富贵贱，穷达逆顺，都免不了要和名利打交道。然而，烦恼和羁绊都是因为自己的不能舍弃或是看得过重引起的。尤其是名利二字，人人都离不开，谁能撇开这两个字去为人处世呢？人生在世，君子圣贤雅士也好，小人俗人凡人也罢，谁也不会做无所谓的舍弃。俗人爱财，君子就不爱吗？圣贤若是没了一日三餐，也要去赚钱的。但君子爱财，取之有道。不要太过执着，要懂得放弃，这样才能做到淡泊俗世。

　　人世间最难得的就是拥有一颗淡泊名利的平常心，不为虚荣所诱、不为权势所惑、不为金钱所动、不为美色所迷、不为一切的浮华沉沦。所以在一些人看来，能将功名利禄看穿，将胜负输赢看透，将荣辱得失看破，就能自我解脱，从而达到时时无碍、处处自在的境界。

　　淡泊名利其实是一种人生境界。名利本身并不是人生追求的最终目的，追求名利主要还是为了满足欲望。因此，要淡泊名利，无私奉献，必须从根本入手，控制住自己的物欲。俗话说，"世上莫如人欲险"。如果抵御不了这种诱惑，总想高消费，过上等人的生活，而靠现有条件又满足不了，那就必然会去争，甚至有可能走上违法犯罪的道路。一个人的物欲越强，他的名利思想也就越强。如果物欲淡一些，做到寡欲，也就比较容易淡泊功名，达到"人到无求品自高"的常态。

　　当我们认识到名利不过是人生的一种常态，就该调整自己的心态，以平常心对待名与利。我们应大大方方地面对名利，真真实实地付出努力去赢得名利。即使得不到，也无须寻死觅活。因为我们心里知道，名利只是人生的一部分，而不是全部。人生还有比名利更为重要的东西，比如爱情、家庭和健康，这些同样会带给我们无比的幸福与快乐。

　　淡泊绝不是消极的人生态度，淡泊往往是一个人经过冬之寒冷、春之招摇、夏之热烈之后，拥有的一种秋的沉静。古人云："不妄没于势力，不诱惑于事态，只要心有长城，能挡狂澜万丈。"多少人固守清俭，威武不屈，富贵不淫，贫贱不移，留得清气满乾坤；多少人在宁静淡泊中展开理想的翅膀，如大雁飞过长空，经历顺境和逆境，不留任何痕迹于蓝天。

　　对于我们现代人来说，能怀一颗平常善良之心，淡泊名利，对他人宽容，对生活不挑剔，不苛求，不怨恨，寒不改绿叶，暖不争花红，富不行无义，贫不起贪心，这何尝不是一种练达的智慧呢？

人生可以很简单

有一个人去应征工作，随手将走廊上的纸屑捡起来，放进了垃圾桶，被路过的口试官看到了，因此他得到了这份工作。原来获得赏识很简单，养成好习惯就可以了。

有个小弟在脚踏车店当学徒，有人送来一部故障的脚踏车，小弟除了将车修好，还把车子整理的漂亮如新，其他学徒笑他多此一举，后来雇主将脚踏车领回去的第二天，小弟被挖角到那位雇主的公司上班。原来出人头地很简单，吃点亏就可以了。

住在田边的青蛙对住在路边的青蛙说："你这里太危险，搬来跟我住吧！"路边的青蛙说："我已经习惯了，懒得搬了。"几天后，田边的青蛙去探望路边的青蛙，却发现他已被车子压死，暴尸在马路上。原来掌握命运的方法很简单，远离懒惰就可以了。

有一只小鸡破壳而出的时候，刚好有只乌龟经过，从此以后小鸡就背着蛋壳过一生。原来脱离沉重的负荷很简单，放弃固执成见就可以了。

有几个小孩很想当天使，上帝给他们一人一个烛台，叫他们要保持光亮，结果一天两天过去了，上帝都没来，所有小孩已不在擦拭那烛台，有一天上帝突然造访，每个人的烛台都蒙上厚厚的灰尘，只有一个小孩大家都叫他笨小孩，因为上帝没来，他也每天都擦拭，结果这个笨小孩成了天使。原来当天使很简单，只要实实在在去做就可以了。

有一支淘金队伍在沙漠中行走，大家都步伐沉重，痛苦不堪，只有一人快乐地走着，别人问："你为何如此惬意?"他笑着："因为我带的东西最少。"原来快乐很简单，拥有少一点就可以了。

生命中最美好的事都是最简单的，找到一种单纯的快乐能让你的生活更愉悦、更平静。

小双家有个小院子，每年她都会在后院中种几排向日葵，每当没事的时候，一天中有好几次，她会走出去看这些花，她用爱心浇水灌溉这些有如奖赏的花。时节对了时候，她会将花剪下，放在家中，让每个人欣赏。有朋友来时，她会送他们一束向日葵，这也让她分外满足。

这个单纯的快乐不只是让院子或房间中美丽而已。那使得小双的生活非常的快乐而有意义，那种价值绝非一束花所能比拟的。

有一对夫妻和他们的一双儿女住在 15 坪不到的小房子了，夫妻俩都是学校的临时工，在一所私立学校辛苦地挣着生活费，还要供两个小孩上学。就是这样艰难的处境，邻居们看到的却经常是很幸福的场面：

每天，女主人都会在水房里洗洗涮涮，不是洗衣服就是洗菜，每次都能听到她哼着歌曲，很悠闲的样子；

下午下班时候，女主人可能已经做好了晚饭，和丈夫一起偎在电视机前，聚精会神地看着电视，很满足很惬意的感觉；

有着暖暖阳光的日子，夫妻俩会早起后把被子抱到楼下去晾晒，这时候我会看到早晨轻柔的阳光洒在他们的肩头；

傍晚，一双儿女会安静地坐在写字桌前，认真地做着作业；

偶尔看到夫妻二人出去散步，也是依依相伴的温馨……

他们默默地在一个角落里享受着他们平淡而又幸福的生活。

如果你花点时间想想，一定会找到一些单纯的快乐。在书店里看看书，或是一个人在咖啡店喝喝咖啡，都是单纯的快乐，这些简单的事都能带给我们快乐。你享受的快乐越多，就越能有达观的胸襟，越不会为小事抓狂，也不会充满忧虑。

有位农夫，他家院子里的一株葡萄藤今年结了不少葡萄，农夫很高兴，便摘了一些送给了一个商人。

商人一边吃，一边说："好吃，好吃，多少钱一斤？"农夫说不要钱，但商人不愿意，坚持把钱送给了他。

农夫又把葡萄送给了一个当干部的，他接过葡萄后沉吟了良久，问："你有什么事要我帮忙吗？"农夫再三表示没有什么事，只是想让他尝尝而已。

农夫又把葡萄送给了一位少妇，她有点意外，而她的丈夫则在一旁一脸的警惕。看样子，他极不欢迎农夫的到来。

农夫又把葡萄给了一个过路的老人，老人吃了一颗后，摸了摸白胡子，说了声"不错"，就头也不回地走了。

农夫很高兴，他终于找到了一个真正能与他分享快乐心情的人。

人生其实很简单，是我们总是把简单的生活复杂化，让一点一滴的快乐从我们心尖流失。

拿得起，放得下

　　小和尚跟着老和尚下山去化缘，走到河边时看见一姑娘正发愁没法过河。老和尚就对姑娘说："我背你过去吧!"于是，就把姑娘背过了河。小和尚惊得目瞪口呆，但又不敢问。走了大约二十里地后，小和尚实在忍不住问道："师父，我们是出家人，你怎么背那个姑娘过河了呢?"老和尚淡淡地说道："我把她背过河就放下了，你怎么走了二十里地还没放下呢?"

　　拿得起就要放得下，这是生活教给我们的智慧。可是，在生活中，我们中的很多人却像小和尚一样，时常被沉重的包袱压得无所适从，但仍然舍不得放下。得到的越多，还想得到更多。

　　金丹元先生在《禅意与化境》中有一则关于佛陀的传说：

　　梵志双手持花献佛，佛云："放下。"

　　梵志放下左手之花。佛又道："放下。"

　　梵志放下右手之花。佛还是说："放下。"

　　梵志说："我手中的花都已经放下了，还有什么可再放下的呢?"

　　佛说："放下你的外六尘、内六根、中六识，一时会去，舍至无可舍处，是汝放生命处。"

　　当你在生命的旅途中感到疲倦的时候，你有没有想到放下?当你陷入在烦恼中无法自拔的时候，你有没有想到过放下?

　　放下，其实是一种生存的智慧。

　　当我们放下压力，小心翼翼地擦去心灵上的灰尘，让心灵像白云一样飘浮在蓝天之上时，坎坷的道路就不会再成为羁绊，我们的脚步就会轻盈。

当我们放下烦恼，学会平静地接受现实，学会坦然地面对厄运，学会积极地看待人生时，阳光就会溜进心来，驱走黑暗，驱走所有的阴霾。

当我们放下抱怨，开始上路，我们就会看到所有偏见和不顺就会走开，所有的幸福都会向你走来。

当我们放下狭隘，我们就会看到眼前的世界是多么的宽广——宽容别人，其实也是给自己的心灵让路，只有在宽容的世界里，才能奏出和谐的生命之歌！

有时候如果我们不懂得放下，面临的有可能是死路一条。

祖父用纸给孙子做过一条玩具长龙，长龙腹腔的空隙仅仅只能容纳几只半大不小的蝗虫慢慢地爬行过去。但祖父捉过几只蝗虫，投放进去，它们都在里面死去了，无一幸免。祖父说：蝗虫性子太急，除了挣扎，它们没想过用嘴巴去咬破长龙，也不知道一直向前可以从另一端爬出来。因此，尽管它有铁钳般的嘴壳和锯齿一般的大腿，也无济于事。

当祖父把几只同样大小的青虫从龙头放进去，然后再关上龙头，奇迹出现了：仅仅几分钟时间，小青虫们就一一地从龙尾默默地爬了出来。

命运一直藏匿在我们的思想里。许多人走不出人生各个不同阶段里或大或小的阴影，并非因为他们天生的个人条件比别人要差多远，而是因为他们没有想过要将阴影的纸龙咬破，也没有耐心慢慢地找准一个方向，一步步地向前，直到眼前出现新的洞天。

一位登山爱好者，在一次攀登雪峰的过程中，突然遇到了十级大风，雪花漫天飞舞，能见度仅一米左右。此时登山爱好者不慎失去重心，摔落悬崖，幸好他颇有经验一把抓住了安全绳子，仅存一线生机的他死死抓住绳索，暗自哭喊着："上帝，你救救我吧！""可以，不过你应相信我所说的一切。"上帝怜悯道。

"好，你说吧。"他惊喜万分。上帝顿了顿说："你放下绳索，就可得救。"好不容易抓到这根救命绳索的登山者，哪肯放下呢？第二天早晨，暴风雪停了。营救队发现了离地面仅两米的冻僵的尸体。

　　放下并不意味着失去，相反，放下是为了更好地生存。

第三章

定时清扫自己的情感垃圾

　　情感垃圾，就是那些阻碍我们前进的负面情绪——愤恨、自怨、自怜、嫉妒、迁怒、不信任、悔恨等，这些垃圾如果在我们心中淤积久了，就会破坏正常的生活。所以，你需要不断地清扫这些情感垃圾，这就像需要维持自己房间的清洁一样重要。

　　当你发现自己被情绪垃圾包围的时候，那就及时行动吧，把情感垃圾打包封存，调适好内心的情绪，用愉快的心情迎接新的一天。

适度发泄你的愤怒

人们总是被鼓励避免愤怒，因为，据说发怒是非常有害的。事实上，愤怒是每个人心里一种不可避免的情绪。关键是采取适当的方式表达自己愤怒。

愤怒是人在受到侵犯、威胁或者受到攻击时为了保护自己而做出的自然反应。它其实是在向你警告："小心，有危险。"这个时候你的肾上腺激素射了出来，身体里有一股热流涌动，你甚至感到自己脖子后面的肌肉都紧绷了，整个身体随时准备采取行动。愤怒经常是身体在发出信号，告诉我们需要划定某个界限，照顾好自己。愤怒并不意味着我们要攻击或是责备别人，而是意味着我们清楚地知道自己的感受是什么，从而能够采取恰当的行动。

在这个世界上，我们需要有自己的愤怒反应系统，这样我们才能够感到安全。那些很容易与别人相处、人际关系非常广泛的人，通常在孩提时代就已经养成了对外在危险进行自然反应的习惯，形成了这样的系统。可是，如果人们形成了胁迫性的潜意识压抑力，这种压抑力在人们内心里有了一丝愤怒的时候就会立刻做出反应，警告人们：危险，不要愤怒，要压制自己的愤怒。于是，我们不表示出自己的愤怒，而是痛哭或者是生病，或是为激怒我们的人寻找借口。

表达愤怒和不满的基本方式是理清楚自己的思路，明白真正让自己感到烦恼的是什么。你的目标是拨开乌云，重见天日，让自己平静下来，而不是责备或者是伤害某一个人。比较温和的开始方式是承认同别人相处的重要性："我想我们之间的关系需要有透明度，这样我们才能够感到亲密。"

实际上，用适当的方式表达自己的愤怒是一个需要时间、判断和不断学习的过程。在你开始认识自己的愤怒并学着将它表达出来的时候，你可能觉得有些笨拙，特别没有技巧，或者没有了任何动力，最后的结果是小声嘟囔出来或者是低声抱怨。其实，跟其他任何事物一样，用适当的方式表达愤怒需要反复的实践和锻炼，才能够慢慢地使用自如。

你知道怎样正确发泄愤怒吗？下面的测试或许能为你提供答案。

（1）我从没有或极少发怒。

a. 同意　　　b. 部分同意　　　c. 不同意

（2）我避免表达愤怒，因为大多数人会误解为仇恨。

a. 同意　　　b. 部分同意　　　c. 不同意

（3）我宁愿掩盖对朋友的愤慨也不愿冒失去他的风险。

a. 同意　　　b. 部分同意　　　c. 不同意

（4）还没有人靠大发雷霆在争论中获胜。

a. 同意　　　b. 部分同意　　　c. 不同意

（5）我愿意自己解决怒火，不愿向别人倾诉。

a. 同意　　　b. 部分同意　　　c. 不同意

（6）遇到沮丧情景时发怒，不是成熟或高尚的反应。

a. 同意　　　b. 部分同意　　　c. 不同意

（7）你对某人正发怒时，处罚他可能不是明智的行为。

a. 同意　　　b. 部分同意　　　c. 不同意

（8）发怒时越说越怒，只会把事情弄得更糟。

a. 同意　　　b. 部分同意　　　c. 不同意

（9）发怒时，我通常掩饰，因为我怕出丑。

a. 同意　　　b. 部分同意　　　c. 不同意

（10）当对亲密的人感到生气时，应当以某种方式说出来，即使这样做很痛苦。

　　a. 同意　　　　b. 部分同意　　　　c. 不同意

　　得分

　　选"a"的每题得 1 分，选"b"的每题得 2 分，选"c"的每题得 3 分，然后计算总分。

　　得分在 24～30 分：你承认愤怒情绪的存在，并认识到应该怎样表达愤怒才能更好地维护人际关系。

　　得分在 17～23 分：你对应该怎样表达愤怒才能烟消云散及其这样做的理由有一般性的掌握，但还有改进空间。

　　得分在 10～16 分：你不懂得如何处理愤怒情绪以便改善与他人的关系。或许感觉愤怒会让你内疚，特别是亲密的人惹你生气时。记住：最好在当时就表达你的愤怒，胜于事后幻想报复。

　　在此，我们需要做进一步解释：

　　正确表达你的愤怒有两个充足的理由。第一，可以发泄不愉快的情绪，这种沮丧感如果蓄而不发，可能导致不公正的报复行为。第二，这是敦促对方改正行为的方法。

　　但只是和对手或某个中间人把冲突说个明白，可能只是列举抱怨，不会减少愤怒。发泄愤怒时，一定要达到相互谅解，否则对双方都没好处。如果把愤怒（一种情绪）与攻击行为（暴力行为）混淆，会影响我们表达自己的感受。

　　卡罗尔·塔佛瑞斯指出，说出愤怒对双方来说都可以是一种正性体验，但要选择成熟的表达方式——愤怒的表达不是为了让某一方狼狈不堪。愤怒可以转变为口头表达烦恼、不快或委屈。谈论某次错误行为，其首要目的是消除任何受伤情绪，并确保下不为例。如果未能谈论自己的愤怒，就不会修正过错方行为，那么我们讨厌的行为或言语还会重演。

　　加州心理学家和婚姻咨询师乔治·巴哈博士曾接待过几对以消极方式表达愤怒的夫妇，他们采用非身体性攻击手段发泄愤怒。巴哈博士得出结论，不会正确表达愤怒并因此不公正地还击的夫妇，通常关系很差。巴哈及其他专家认为，愤怒一类的消极情绪可以通过正确渠道排泄出去。他们呼吁人们学习"创造性争吵"，表达愤怒但不贬损对方或伤害对方的自尊。这个方法要求双方在不损害双方关系的基础上，坦诚表达各自的情绪。如果"创造性争吵"不合你的口味，你采用其他方法，一定要确保对方明白你的用意。

总之，我们需要建立这样一种自我形象：既强硬又不失礼貌；既能够在适当时候表达不满，又不失温柔；既和蔼又不失尊严。

别让虚荣毁了你

你虚荣吗？相信多数人都不肯承认。但事实上，虚荣心多数人都有。

在生活中，人们的虚荣体现在很多地方。比如，在我们身边经常有这样的人，样样要和别人比，比官位，比车子，比住房，比穿衣打扮，比婚丧喜事的排场等。有的人并不富裕，却硬要打肿脸充胖子，看到别人买车，自己借钱也要买；看到别人结婚搞排场，自己借债也要弄得更豪华气派，结果债台高筑，苦不堪言。

还有的人得到一点荣耀，取得一点成就，就自以为了不起，趾高气扬。常耍小聪明，看谁都是豆腐渣，只有自己是朵花。更有甚者，本事没有多大，却傲气冲天，经常将自己的短处隐藏起来，用自己的长处比别人的短处，并竭力排斥、挖苦、打击、疏远、为难比自己强的人，以显示自己是多么与众不同。

冯小刚导演的电影《大腕》，有这样一段台词："一定得选最好的黄金地带，雇法国设计师，建就得建最高档次的公寓，电梯直接入户，不行最少也得四千平方米。什么宽带呀，光缆啊，卫星啊，能给他接的全给他按上。楼上有花园，楼下有游泳池，楼里站一英国管家，戴一假发，特绅士的那种。业主一进门甭管有事没事都得跟人家说：'May I help you sir？'一口地道的英国伦敦腔，倍有面子！社区里再建一所贵族学校，教材用哈佛儿，一年光学费就得几万美金。"

"再建一所美国诊所，二十四小时候诊。就是一个字：贵！看感冒就得花个万八千的。周围邻居不是开宝马就是开奔驰，你要是开一日本车，你都不好意思跟人家打招呼……什么叫成功人士，你知道吗？成功人士就是买什么东西，都买最贵的，不买最好的！"

如此虚荣的人可算达到了极致，因此也只能归于精神病之列，拘禁在精神病院。但现实生活中，类似于这种"精神病"的傻事也是比比皆是。

河南在校女大学生高某，之前曾在一所初中当了5年语文教师，再有两周就要毕业重返讲台。但她却在高校的图书馆内卖毒品。2006年12月被抓时，民警从她的身上搜出了70克海洛因，在其租住处，搜出了3000多克毒品。因为爱慕虚荣，她从一名大学生变成"大毒枭"。

高某刚上大学的时候，穿着非常朴素，学习也很认真，几乎天天泡在教室看书。后来，结识了社会青年男友的她，逐渐领略到了花花世界的缤纷，内心也就蠢蠢欲动起来。男友给她买2000多元钱的衣服，每月在她身上的花费不下5000元。同居不久，高某发现了男友不仅吸毒，而且贩毒。高某想离开这个毒贩子、瘾君子男友，但一想到离开男友后，自己就不会再有那么多高档的衣服，她就有些犹豫不决。看来，人的虚荣心会使人像吸食毒品一样上瘾，不能自拔。无法离开男友的她，最终在泥潭里越陷越深，直至成为毒枭被捕。贩毒超过50克就可以判死刑了，高某的明天无疑是黑色的。

高某忏悔道："我家庭条件不错，自小我对吃要求不高，但对穿着特别在意，遇上男友后，我感觉我过得非常风光。是虚荣心害了我，如果没有虚荣心作怪，我就不会越陷越深。"

虚荣心能够改变一个人身上一切善良美好的基因，而且为了不断满足这种越来越膨胀的虚荣心，不择手段地去逐利，甚至走上犯罪道路。

莫泊桑有一篇名作叫《项链》，讲述了这样一个故事：漂亮的玛蒂尔德因出身卑微不能嫁给有钱人，为了能在一次晚宴上艳惊四座、压倒群芳，特意从女友那里借来一根金项链。当她戴着项链在宴会上出现的时候，引起了全场人的赞叹与奉承，她的虚荣心得到了极大的满足。不幸的是，在回家的路上，这条项链丢失了。为了赔偿这价值三万六千法郎的金项链，她负了重债。之后，她整整十年节衣缩食才还清了债务。而颇具讽刺意味的是这时对方告诉她丢失的项链是假的。

心理学上认为，虚荣心是一种被扭曲了的自尊心，是自尊心的过分表现，是一种追求虚荣的性格缺陷，是人们为了取得荣誉和引起普遍注意而表现出来的一种不正常的社会情感，是一种心理上不健康的心态，与爱美之心和荣誉感有质的区别。爱美之心和荣誉感太强，超过了一定的度，就变成了虚荣心，虚荣心表现在行为上，主要是爱慕虚荣，盲目攀比，好大喜功，过分看重别人的评价，自我表现欲太强，有强烈的嫉妒心。

虚荣心最大的危害，就是使人在追求目标时会采取不切实际的、错误的手段，以致使行为和目标走向偏离，铸成大错。法国哲学家柏格森说过："虚荣心很难说是一种恶行，然而一切恶行都围绕虚荣心而生，都不过是满足虚荣心的手段。"真是一语中的！

追求虚荣，只能得到一时的心理满足，而非真正的幸福快乐。所以，你要学会拒绝虚荣，别让它就此毁了你。

嫉妒是一颗毒瘤

嫉妒是一种不良的心理状态，是由于个人在与他人比较的过程中，发现别人在某一方面或某几方面比自己强而产生的一种羞愧、不满、怨恨、愤怒等复杂心理，是人类的一种原始消极情感。《三国演义》中周瑜有"既生瑜，何生亮"的感慨，这虽是诸葛亮的一个计谋，却暴露了周瑜内心充满强烈的嫉妒心理。诚然，是人都会嫉妒，随着当今社会变革急剧、人际竞争越来越激烈，人就更容易产生嫉妒心理了。

在一个鲜花盛开、绿草如茵的山坡下，有一条欢乐地歌唱着流向远方的小河；山坡上，有一块凸凹不平的石头在花草中悲叹着："唉！这个世界太不公平了。你瞧那小河，它凭什么就可以想到哪里就到哪里？它饱览了世上的风光，逛遍了天下美景，它，哼！你瞧它得意的，不停地唱着欢歌，它凭什么？凭什么？论性格，它柔弱无比，哪里比得上我的刚强？论品质，它只会曲迎善变，哪里比得上我的刚正不阿？它嘻嘻哈哈，浅薄明白，哪里有我沉默寡言内涵深刻？可是，我又得到了什么？我被整日固定在这山坡上，享受不到周游世界的乐趣，也无人听到我心中的悲歌……唉！唉！太不公平了！太不公平了！"

这块石头被心中的妒忌之火燃烧着，它从来没有感受过生活中的快乐。它身边的花草劝它："算了吧，石头大哥。在这个世界上，各人有各人的特点，各人有各人的乐趣，你何必因为别人的快乐而痛苦呢？在我们看来，您也挺不错嘛。您瞧，每天，您的身边环绕着鲜花绿草，温暖的阳光从早到晚照耀着您，时而还有牧羊人到这儿与您聊天。您不必为生计发愁，不必去逢迎什么，难道这不是您逍遥自在的生活?"

但是石头听不进劝告，它决心豁出命去，也要阻止小河的欢乐。

终于有一天，机会来了，一个牧羊人来到这儿，他坐在石头旁边休息。

"牧羊老哥，求求您，求求您了! 请赶快把我抱起来，放进那条小河里去。我要阻止它随心所欲的生活，我不能让它这么快乐! 哼! 最起码的，它也得带上我，一起去过周游世界的生活。"石头请求着。

"可是……"牧羊人想说什么，但是这块妒火中烧的石头根本不允许他说，再三恳求着。牧羊人无奈，只好把它放在了小河里。

小河想带上它去周游世界，然而它太重了，石头只随着小河走了几步，便一头跌进一个深坑里，出不来了。

这块妒忌的石头只好在坑里继续谩骂着。现在，它既无法阻止小河的欢乐和奔跑，也无法从深坑里出来，每时每刻还要看着快乐的小河从它身边流过，它的痛苦更深了。

这则寓言故事不能不让人感慨万端。

虽然嫉妒是一种很正常的心理，可是，如果放任嫉妒心理的滋长，其危害是相当大的。嫉妒心理在某种程度上是与偏见相伴而生、相伴而长的。嫉妒有多深，偏见也就有多大。有嫉妒心理者容易片面地看问题。因此会把现象看作本质，并根据自己的主观判断猜测他人。而当客观地摆出事实真相时，嫉妒者也能感到自己的片面、偏激或是误会。同时，嫉妒对个人、集体和社会均起着耗损作用，是一种对团结、友爱非常不利的情感。嫉妒不仅使精神受到折磨，对身体也是一种摧残。嫉妒是一颗毒瘤，它无时无刻不在侵蚀本来健康的心灵。

事实上，有了嫉妒心理并不可怕，只要微笑着去战胜它，就能数好人生的念珠。

第一，提高道德修养。封闭、狭隘意识使人鼠目寸光，因此，应该不断提高自身道德修养，不断地开阔自己的视野，与人为善。

第二，正确认识嫉妒。认为嫉妒是对自己的否定，对自己是威胁，损害自己的利益和"面子"，这只是一种主观臆想。一个人的成功不仅要靠自身的努力，更要靠大家的帮助，嫉妒只会损人害己。

第三，客观评价自己。当嫉妒心理萌发时，能够积极主动地调整自己的意识和行为，从而控制自己的动机。这就需要客观、冷静地分析自己，找到差距和问题。

第四，"见强思齐"。一个人不可能在任何时候都比别人强，人有所长也有所短。人固然应该喜欢自己、接受自己，但还要客观看待别人的长处，这样才能化嫉妒为竞争，才能提高自己。

第五，看到自己长处。聪明人会扬长避短，寻找和开拓有利于充分发挥自身潜能的新领域，这样在一定程度上补偿先前没能满足的欲望，缩小与嫉妒对象的差距，从而达到减弱乃至消除嫉妒心理的目的。

第六，经常将心比心。嫉妒，往往给被嫉妒者带来许多麻烦和苦恼，换位思考就会收敛自己的嫉妒言行。

第七，转移注意力。积极参与各种有益的活动，嫉妒的毒瘤就不会滋生、蔓延。

第八，学会自我宣泄。最好能找知心朋友、亲人痛痛快快地说个够，他们能帮助你阻止嫉妒朝着更深的程度发展。另外，可借助各种业余爱好来宣泄和疏导，如唱歌、跳舞、练书法、下棋等。

别让心情感冒

不知从什么时候开始，"我郁闷"成为街头巷尾的流行口头禅，都市的高压生活逐渐侵蚀人们的心灵，使得抑郁症高发，有人称其为心灵感冒，是每个人都可能面对的情绪风暴，不管老人小孩还是成年人，都有可能被其缠扰。

人，疏远了心灵与心灵的沟通，工作压力、生活重担、人与人之间的信任危机……这些元素，令郁闷的空气无处不在。

当心患了感冒，并没有退烧药类的速效方法来医治，它会使你的免疫力降低和生理机能下降，可能会诱发心绞痛、哮喘、胃溃疡、癌症等器质性疾病，在这些抑郁症患者中有10%－15%有不同程度的自杀倾向。随着生活节奏的加快、工作压力加大，患抑郁症的人数呈不断上升趋势，抑郁症已经成为比较常见的心理疾病。患病者中女性高于男性，其中15－24岁男性占人群的11%，而女性达到21%。由于对抑郁症存有偏见，多数人认为抑郁就是精神不正常。使得患抑郁症者不能正确对待自己的抑郁状态，羞于向心理医生咨询和接受治疗，多采取忍耐、克制的方法。其不知，自我调节是有一定限度的，对轻者有一定作用；而对于抑郁较重者反而形成恶性循环，使病情加重。

忧虑症不同于暂时性的心情沮丧，如没有有效治疗，症状会持续数周、数月，乃至数年之久，其症状包括：

（1）感到悲伤和空虚。

（2）对各种活动提不起劲或兴趣。

（3）感觉没有价值或有罪恶感。

（4）没有食欲，体重减轻。

（5）失眠或嗜睡。

（6）容易疲劳。

（7）无法集中注意力。

（8）有死亡或自杀的念头。

造成忧虑的原因很多，如失去挚爱或遭受失败等；但是在很多病例中，大脑显像技术指出，忧虑患者负责情绪、思考、睡眠、食欲和行为调节的中枢神经回路无法正常运作，而必要的神经传送素（沟通神经细胞的化学元素）亦失去平衡。一般认为血清素和去甲肾上腺素均扮演着导致忧虑的关键角色。研究指出，这两种化学元素都会影响一个人的情绪。

容易感到忧虑的原因可能是基因引起的，与心理因素和外在环境（如，失去挚爱或生活状态的重大改变）相互影响，心脏病、中风或癌症等疾病也可能引发忧虑的症状。

忧虑并不专属任何特定人群，并有可能发生在任何人身上，不管是什么地区、国家或民族，都可能会有精神及行为失常的人。

精神失常亦有可能出现在生命周期的任何时候，不管男女、贫富，乡村或城市，都有可能发生。

关于精神失常易出现在工业化国家或富有的人中的观点是错误的。同样有些说法，关于在现代化步伐落后的农村生活中不易产生精神失常也是不正确的。

世界上大约有四亿万人有过精神或精神失常的问题，而之中就有约一亿两千一百万人患有忧虑的问题，这些失常类疾病被列为世界十大残疾病的第五名，造成了个人、家庭和政府莫大的社会经济压力。

到2020年时，如果目前人口统计数字和流行病发病趋势顺势发展，忧虑的比例将会在总体疾病中增至5.7%，跃居成为造成

days（burden of disease in disability – adjusted life years，失能校正生命人年数）中的第二位，仅次于贫血症，在发达地区将会跃居首位。

忧虑，这场心的感冒，心病还须从心治，如果你忧虑，不要恐慌，不要畏惧，一切从心开始！

把时间填满

人生在世，摆脱不了烦恼和忧虑。很多人每天看着风风光光，但是每到一个人的时候，就会眉头紧锁，将自己深深埋在忧虑之中，强装的快乐让他们更加痛苦。

佛语曰："不怕烦恼起，只怕觉照迟"。当你有了烦恼这并不可怕，有了烦恼，才会懂得寻求解脱之道，才会增长智慧。所以当你发觉自己在忧虑之中的时候，不妨敞开心扉，说出你的忧虑。

在各自的工作和生活中都可能会遇到这样那样的困惑、烦恼或者是挫折。这个时候，有的人会把惆怅悲观和痛苦沮丧埋在心里，这就如同铁链子能锁住人，金链子一样会束缚人的道理是一样的，这会束缚你的心情，扰乱你的生活，让你的忧虑更加忧虑。

忧虑会摧毁一个人的身心，在它摧毁你之前，你必须摧毁它。如果你发现自己每天忧心忡忡，这个时候，你就需要来一场忧虑革命了。

曾经有这样一个人，他家里曾遭受过两次不幸。第一次，他失去了五岁的女儿，一个他非常钟爱的孩子。他和妻子都以为他们没有办法忍受这个打击。更不幸的是，"十月后，我们又有了另外一个女儿——而她仅仅活了五天。"

这接二连三的打击使人几乎无法承受，他睡不着，吃不下，无法休息或放松，精神受到致命的打击，信心丧失殆尽。吃安眠药和旅行都没有用。他的身体好像被夹在一把大钳子里，而这把钳子愈夹愈紧。

一天下午，他呆坐在那里为自己难过时，唯一的四岁的儿子问："爸爸，你能不能给我造一条船？"

虽然他并没兴趣，可这个小家伙很缠人，他只得依着他。

造那条玩具船大约花费了他三个小时，等做好时才发现，这三个小时是他许多天来第一次感到放松的时刻。

这一发现使他大梦方醒，使他几个月来第一次有精神去思考。造船把他的忧虑整个冲垮了，所以他决定使自己不断地忙碌。

第二天晚上，他巡视了每个房间，把所有该做的事情列成一张单子。有好些小东西需要修理，比方说书架、楼梯、窗帘、门把、门锁、漏水的龙头，等等。两个星期内，他列出了 242 件需要做的事情。

从此，他的生活中充满了启发性的活动：每星期两个晚上到纽约市参加成人教育班，并参加了一些小镇上的活动。还协助慈善机构募捐，忙得简直没有时间去忧虑。

把自己的时间填满，让忧虑无处可钻，可以说是对付忧虑的有效手段，也是一种富足的生活方式。

人生就像是一本书，扉页是我们的名字，前言是我们的简介。而正文则是我们每一天的生活，一分钟一分钟地记载在生命之书上，如果你不想每一页都写着忧虑，那就要在每一页写满快乐、努力、挑战和希望。

忧虑并不可怕，可怕的是你安于现状，不肯改变，那么最后你将会被忧虑淹没。

第四章

每个人身边都有天使

当人们在受苦受难的时候都会祈祷有天使降临。天使，是上帝的使者，代表圣洁，善良。

其实，每个人身边都有一个天使，可是你却关上了自己的门。

当天使降临，你准备好了吗？

认清镜中的你

在希腊一座古老的神殿上，镌刻着这样一句话："认识你自己。"每当游人来到这里，都要驻足凝思，玩味着这句话的深刻含意。

"认识你自己"有何难？难道人自己不认识自己吗？其实不然。

相传很久很久以前，古希腊维奥蒂亚境内的底比斯城，来了一只狮身人面的怪兽，人们称之为斯芬克斯。它站在山顶上，用缪斯传授的谜语为难人。谁猜不中这则谜语，就要被它吃掉；谁猜中了，它就自杀。这则谜语是这样的：今有一物，同时只发一种声音，但早晨是四条腿，中午只有两条腿，而到了晚上却有三条腿，这是何物？许多人因猜不中谜语，被怪兽吃掉了。

后来，城外来了一个名叫俄狄浦斯的青年，终于猜中谜底是"人"。因为人在婴儿时期，牙牙学语，匍匐爬行，似用四只脚走路；慢慢长大，少年英俊，青年潇洒，中年如日中天，只用两脚走路；而到年迈体衰，老态龙钟，需拄杖而行，似有"三脚"。俄狄浦斯猜中了此谜，斯芬克斯随即自杀。

每天充满忧虑的人首先就迷失在"自己"里了，总是感叹命运抛弃了自己，幸福不光顾自己，其实，这只是因为对于镜中的你自己太不了解，甚至于陌生，连自己是谁都弄不清楚，怎么才能幸福？

如果有人问你"你是谁"，你如何回答？给你一张"自我介绍"的表格，你会填写姓名、生理特征、爱好、家庭背景，等等。这就是你吗？这不是你，你不是这些外在因素的总和。

当看到别人快乐的时候，总是感叹自己没那个命，亲手把自己的幸福推到门外。只有清楚地认识自己，才能够成功地挖掘自己，善待自己也是幸福生活的基点。

一位已经成功了的明星回自己的老家，读中学时的好朋友们邀请她晚上 8 点到某酒店一起聚会，这次她回来带了几十张自己签名的新专辑。因为她知道，这些昔日的同学如果向她要专辑，那是不该拒绝的。

明星出了门，打车去酒店。司机是一个 30 多岁的中年男人，问清了目的地之后，就一言不发了，这让她不免有些失落，因为她的名气足以让司机认识她这张脸。

到了酒店，车费是 22 元，她没有零钱，拿出一张 100 元的，恰巧司机也没有零钱了，她表示不用找了，因为她知道司机每天很辛苦，况且这是自己的家乡。可是司机不同意，非要找个超市把钱换开。

明星一看表，时间不早了，便准备拿出她签名的新专辑抵车费。接着，明星问司机认不认识自己，但司机的回答让她很意外："认识，你是唱歌的吧。"说完，他指指 CD，说道："不好意思，我不喜欢听歌，平时净听二人转了，要不，车费就算了吧。"这时，正好另一位同学也刚到酒店，就替明星付了车费。

后来，这位明星说经常想起那位出租车司机的话，她说："记住有人不喜欢你，这让我感到自己的渺小，渺小得经常叫人担心来阵风就会把自己吹丢了。"

认清自己很重要，但是也很难。当你一帆风顺时，往往高估自己；不得志时，又往往低估自己。你可能认为安分守己、与世无争是明智之举，而实际上往往被怯懦的面具窒息了自己鲜活的生命。

我们可以憧憬人生，但不要期望过高。因为在现实中，理想的实现总是会打折扣的。你可以勇敢地迎接挑战，但是必须清楚自己努力的方向。要彻悟自己就要欣赏自己。无论你是一棵参天大树，还是一棵无名小草，无论想要成为一座高山，还是一块石头，你都是一种天然，都有自己存在的理由。只要你认真地欣赏自己，你就会拥有一个真正的自我，你才会拥有信心，一旦拥有了信心你就能战胜任何困难。

如何能够清楚地认识自己呢？

首先，日记是一面镜子，能够折射出真正的你。把你所做、所想、所闻的所有记录下来，时间的流逝，可以让我们在这面镜子中认识自己的生活、工作、社会交际规律。并从中可以判断自己的优缺点、知道自己喜欢什么，厌恶什么；知道别人喜欢自己什么，厌恶自己什么；知道哪些缺点是要避免的。

其次，除了日记这面镜子，还要学会"静坐常思己过"。闲下来的时候，我们要对自己进行剖析，从人生观、价值观等方面进行如实的分析。

其实，最重要的是要知道自己想要的是什么，还有为什么没有得到。如果你感到不快乐，那么你心中的快乐蓝图是什么样的呢？自己为什么没有达到呢？只有对此有个明确的认识，才能够真正认识自己。

一个人最大的敌人就是自己，自己也是阻碍自己幸福的绊脚石，认清了自己，战胜了自己，快乐和幸福也就会接踵而来。

心会跟爱一起走

我们总会因为这样那样的事情烦躁忧虑，这也不能决定，那也不能决定，究竟是什么带给我们忧虑，是什么阻碍我们下决心快乐呢？是心。

很多事情，我们总是想得太多，顾虑得太多，到最后为了欲望不惜忤逆自己的心。现实中，已经少有人按照自己的心去生活了。所以说，如果想摆脱忧虑，真正幸福，就要把一切交给心做主。

有个小沙弥吃完山杏，准备把杏核丢掉，老方丈看到后叫住了他，说："果核是树木的心脏，不要随手丢了，要把它播种在适宜的泥土里，唤醒一个涅槃的再生梦。"

小沙弥听了老方丈的话，觉得非常有道理，就把那个真有些像心脏的杏核深浅适宜地埋在了寺院的一个角落里，并时常去为它浇水施肥。一两个月之后，那颗杏核真的发芽了，长出了一片片心形的叶片。小沙弥感到由衷的喜悦，就跑去告诉老方丈。

老方丈听后，脸上也露出了笑容，他对小沙弥说："树木的种子可以轮回树木再生梦，人生的种子也可以涅槃人的梦想和愿望。你知道什么是人生的种子吗？"

小沙弥思忖了片刻，小声说："我认为是人心。"

老方丈满意地点点头，语重心长地说："人心就是生命的种子，把它播种在佛教里，能生成一棵菩提树；把它播种在艺术里，能生成一丛风景林。可是，有不少人，在享受生命的同时，随手就把自己的心丢了……"

是啊，为了那些名啊利啊，多少人早已迷失了自己的心。伪装自己、奉承他人，在烦恼中周旋，在痛苦中沦陷。

　　心是自己的，心里怎么想的，就怎样去做，不要被欲望牵着鼻子，只有这样才能拥有属于自己的幸福生活。

　　没有人能预见未来的事会怎么样，下一秒会发生什么，你知道吗？

　　没有人能预知你的选择是对还是错，下一个路口，我们还是在拐弯处。

　　所以，当两难摆在眼前，就认真地问问自己：哪一个是我所想要的？一旦做出了选择，就不必瞻前顾后，外人的非议、世俗的道德没有资格来评断你的人生。所谓错与对、幸福与痛苦都只是你一个人的感受。所以不管是选择生活，承认现实的力量；选择隐忍，等待承诺的实现；还是选择起点，迎接新的际遇，这都是你自己的选择，你认真的选择。因为只有自己才能对一生负责。

　　人生中的每一步都是有意义的，在正确方向上的努力当然好，因为效率最高；在错误方向上的努力也同样有意义，因为它们可以为成长提供有益的教训。我们还年轻，就算这次错了，我们还拥有很多时间可以去调节和更正。更何况，有一天，这些所谓失败的教训会成为我们触类旁通的灵感源泉，帮助我们实现下一个幸福。

　　所以，倾听自己的声音，认真选择了就不要轻言后悔，即使你没做成最好的自己。

收藏你的阳光

每个人的人生里会遇到很多事情，经历很多美丽与丑恶，到最后，你所收藏的是什么就决定了你要过怎样的生活。

从前，田野里住着田鼠一家。夏天快要过去了，他们开始收藏坚果、稻谷和其他食物，准备过冬。只有一只田鼠例外，他的名字叫作弗雷德里克。

"弗雷德里克，你怎么不干活呀？"其他田鼠问道。

"我在干活呀。"弗雷德里克回答。

"那么，你收藏什么东西呢？"

"我收藏阳光、颜色和单词。"

"什么？"其他田鼠吃了一惊，相互看了看，以为这是一个笑话，笑了起来。

弗雷德里克没有理会，继续工作。

冬季来了，天气变得很冷很冷。

其他田鼠想起了弗雷德里克，跑去问他："弗雷德里克，你打算怎么过冬呢，你收藏的东西呢？"

"你们先闭上眼睛。"弗雷德里克说。

田鼠们有点奇怪，却还是闭上了眼睛。弗雷德里克拿出第一件收藏品，说："这是我收藏的阳光。"

昏暗的洞穴顿时变得明亮，田鼠们感到很温暖。

他们又问："还有颜色呢？"

弗雷德里克开始描述红的花、绿的叶和黄的稻谷，说得那么生动，田鼠们仿佛真的看到了夏季田野的美丽景象。

他们又问："那么，你的单词呢？"

　　弗雷德里克于是讲了一个动人的故事，田鼠们听得入了迷。

　　最后，他们变得兴高采烈，雀跃欢呼："弗雷德里克，你真是一个诗人！"

　　人生也如四季，有温暖的夏日，也有严寒的冷冬，无论去哪里，总难免有不愉快的事情。

让失去变为可爱

每个人都喜欢得到和拥有，讨厌畏惧和失去，认为失去会让自己不幸福不快乐。往往，执迷于这种得到，会让我们失去得更多。

许多人都有过丢失某种重要或心爱之物的经历；比如不小心丢了刚发的工资，最喜爱的自行车被盗了，相处了好几年的恋人拂袖而去了，等等。这些大都会在我们的心理上投下了阴影，有时甚至因此而备受折磨。究其原因，就是我们没有调整心态去面对失去，没有从心理上承认失去，只沉湎于已不存在的东西，而没有想到去创造新的东西。人们安慰丢东西的人时常会说："旧的不去新的不来。"事实正是如此，与其为失去的自行车懊悔，不如考虑怎样才能再买一辆新的，与其对恋人向你"拜拜"而痛不欲生，不如振作起来，重新开始，去赢得新的爱情。

普希金在一首诗中写道："一切都是暂时的，一切都会消逝；让失去的变为可爱。"有时，失去不一定是忧伤，反而会成为一种美丽；失去不一定是损失，反倒是一种奉献。只要我们抱着积极乐观的心态，失去也会变得可爱。

一个老人在行驶的火车上，不小心把刚买的新鞋弄掉了一只，周围的人都为他惋惜。不料那老人立即把第二只鞋从窗口扔了出去，让人大吃一惊。老人解释道："这一只鞋无论多么昂贵，对我来说也没有用了，如果有谁捡到一双鞋，说不定还能穿呢！"

我们都有过某种重要的东西失去的经历，且大都在心理上投下了阴影。究其原因，就是我们并没有调整心态去面对失去，没有从心理上承认失去，总是沉湎于已经不存在的东西。事实上，与其为失去的而懊恼，不如正视现实，换一个角度想问题：也许你失去的，正是他人应该得到的。

不要把"失去"当成人生的大沮丧、大挫折和大失败。"旧的不去，新的不来"，原来失去是为了前面还有一个全新的正等着你。世界永无尽头，人生自然要永远向前看，"失去"也就变得微不足道了。

让失去的更加可爱，更加美丽，当我们得不到的时候去转移自己的情绪，去追求你能追求到的，不能得到的，先暂且放一放。

失去的已经失去，也许今生都无法得到，但你会得到另外的一切，没有了爱情，我还有亲情，友谊，我还有事业，没有了双腿，我还有我的双手，去耕耘幸福的领地，开拓人生美好的前景。

一个老妇人唯一的儿子生病离开了人世，老妇人非常悲伤，便请教大师："你知道有什么方法能使我的儿子复活吗？"

大师说："我有办法，但你要先去找一杯活水给我。这杯水必须来自一个从来没有痛苦的家庭。有了这杯水我就可以救活你的孩子。"

老妇人听了十分高兴，立即去寻找这杯水。可是无论她到乡村或城市，她发现每一个家庭都有他们自己的痛苦。

最后，老妇人变成了为安慰别人的痛苦而忙碌的人，在不知不觉中早已忘了找水的事。就这样，在她热心的付出中，丧子的哀伤悄悄离开了她。

每个人都难免失去，但如果总是沉浸在失去的哀伤中，那么你将看不到这个世界上的其他精彩。

失去的更加美丽，你有你的我有我的人生方向，在这世界大舞台我们都在扮演不同的角色，虽然曾经有过辛酸，有时我们会落泪，更多的时候我们会为自己的角色而汗颜失色，但我们走过，曾经得到过，辉煌过，虽然随着时光的久远，会黯然失色，会失去，但人生本是一架不落的天平，平衡自我，平衡你的人生，让悲壮演绎成欢歌，成就你美丽的花环……

曾经不知谁说过这样一句话："如果你因为失去太阳而流泪，那你也失去群星了"，人生的道路是漫长的，如果你只会一味地感伤失去，那么你将一无所有，只有有能力去享受失去的"乐趣"的人，才能真正品尝到人生的幸福。让自己承受失去的东西，也许你会感到很痛苦，那也要自己去承受，别人是代替不了你的。伤和痛是有的，这就证明你已经长大了，成熟了。失去的时候，你可以哭，可以发泄，可以找朋友倾诉……过后，你的世界就会充满阳光。

生活中，我们既要享受收获的喜悦，也要享受"失去"的乐趣。失去是一种痛苦，也是一种幸福。因为失去的同时你也在得到。失去了太阳，我们可以欣赏到满天的繁星；失去了绿色，我们可以得到丰硕的金秋；失去了青春岁月，我们走进了成熟的人生。

特别的天使给特别的你

每个人都有自己的特别之处，也许你的特别之处不受大家喜爱或者接受，但不要因此而忧虑，因为你特别是因为你有一只特别的天使在守护。

看见她带来的医疗转介单时，这位医师并没有太大的兴奋或注意，只是例行地安排应有的住院检查和固定会谈罢了。

会谈是固定时间的，每星期二的下午3点到3点50分。她走进医师的办公室，一个全然陌生的环境，还有高耸的书架围起来的严肃和崇高，她几乎不敢稍多浏览，就羞涩地低下了头。

就像她的医疗记录上描述的：害羞，极端内向，交谈困难，有严重自闭倾向，怀疑有幻想或妄想。

虽然她低低垂下头了，但还是可以看见稍胖的双颊上带有明显的雀斑。这位新见面的医师开口了，问起她迁居以后是否适应困难。她摇着低垂的头，麻雀一般细微的声音，简单地回答："没有。"

后来的日子里，这位医师才发现对她而言，原来书写的表达远比交谈容易多了。他要求她开始随意写写，随意在任何方便的纸上写下任何她想表达的文字。

她的笔画很纤细，几乎是畏缩地挤在一起的。任何人阅读时都要稍稍费力，才能清楚识别其中的意思。尤其她的用词，十分敏锐，可以说表达能力太抽象了，也可以说是十分诗意。后来医师慢慢了解了她的成长过程。原来她是在一个道德严谨的村落长大，在那里，也许是生活艰苦的缘故，每一个人都显得十分地强悍而有生命力。

她却恰恰相反，从小在家里就是极端畏缩，甚至宁可被嘲笑也不敢轻易出门。父亲经常在她面前叹气，担心日后可能的遭遇，或总是唠叨，直接就说这个孩子怎会这么的不正常。以后她也没有改变过甚至更为严重起来，她陆陆续续接受了一些治疗，直到最后她住进了这家精神病院。

医院里摆设着一些过期的杂志，是社会上善心人士捐赠的。这些杂志有的是教人如何烹饪裁缝，如何成为淑女的；有的谈一些好莱坞影星歌星的幸福生活；有的则是写一些深奥的诗词或小说。她自己有些喜欢，在医院里又茫然而无聊，索性就提笔投稿了。

没想到那些在家里、在学校或在医院里，总是被视为不知所云的文字，竟然在一流的文学杂志刊出了。

医院的医师有些尴尬，赶快取消了一些较有侵犯性的治疗方法，开始竖起耳朵听她的谈话，仔细分辩是否错过了任何的暗喻或象征。家人觉得有些得意，也忽然才发现自己家里原来还有这样一个女儿。甚至旧日小镇的邻居都不可置信地问；"难道得了这个伟大的文学奖的作家，就是当年那个古怪的小女孩?"

她出院了，并且凭着奖学金出国了。

这是新西兰女作家简奈特·费兰的真实故事，她是众所公认的新西兰最伟大的作家。

每个人都有自己独特的权利，别人无权干涉。如果大家都是复制出来的，世界也就变得单调乏味。

在这个世界上，任何违背常态的都被斥为异常，这就引发了自卑。身体上残疾的，家庭上残缺的，等等。其实这并不是自卑的理由。不管你哪里与别人不同，只要你活着，就都有可能比别人过得更好，因为你的特别，你身边一定也有一位特别的天使。

所以，不要因为自己的与众不同而闷闷不乐，勇敢面对一切，天使会为你微笑。

上帝给谁的都不会太多

　　这个世界上，美与丑，善与恶，幸福与不幸，往往都是共同存于同一事物内的，所以不会有绝对的幸福。上帝也不会特别青睐于谁，他给谁的都一样多。所以，当遇到烦恼的时候，不要抱怨，静下心来，快乐离你并不远。

　　奥地利著名女高音歌唱家玛丽莲娜在演唱会后，已经连续谢幕三次，可观众们仍然站在座位上没有离开，掌声、欢呼声雷动。她只好又加唱了一段"胡桃夫人"里的片段，然后，心中充满了欢悦和欣慰之情，转入后台……

　　她30岁时就已经誉满全球，先后到过几十个国家演出，美国肯尼迪艺术中心、悉尼歌剧院，都曾留下过她的足迹。可以说，她无论到哪里，皆如众星捧月，备受欢迎。

　　有次演出结束后，当她和丈夫、儿子从剧场里走出来，准备离开的时候，一下子被早已等候在那里的观众团团围住，人们争着一睹她的芳容，并希望能够与之攀谈，或得到她的一份亲笔签名。

　　溢美之词纷沓而来，有的人恭维她天生一副好歌喉，因而进入了国家级的歌剧院；有的人恭维她27岁就成为世界十大女高音歌唱家之一；有的人恭维她基础扎实、刚毕业就走红，现在更是如日中天；有的人恭维她有个腰缠万贯的丈夫和数不尽的财富；有的人恭维她有一个活泼可爱、俊朗的儿子，将来定会成才……

　　她默默地听着，没有任何言语，只是渐渐地，她脸上出现了一丝不易察觉的变化……人们把话说完以后，她才缓缓地说：

"谢谢大家对我和我的家人的祝福和赞美，我会努力回报诸位，并争取做得更好。但是，我不得不说的是，你们看到的只是一个方面。受到你们夸奖、赞美的我的儿子，他其实是一个不会说话的先天聋哑患者。另外，他的姐姐是个精神分裂症患者，不得不常年被关在装有铁窗的房间里……"

猛然间，人们都被她的话震惊得说不出来话，面面相觑，谁都无法相信这个事实。

见此情景，她停顿了一会儿，心平气和地说道："这一切说明了一个道理——世上没有绝对的幸福，上帝给谁的都一样多。我们应该平静地去对待这一切。"

的确，很多时候，我们羡慕别人的一切，却不知那些光环的背后，是你所不知的残缺。

自知者不怨人，知命者不怨天。抬头仰望，你会发现自己的头顶是一片明媚、蔚蓝的天空，既然这样，又为什么非要自寻苦恼地让抱怨去遮住它呢？不太完美才是生活本身，你不必因考试少了几分而耿耿于怀，不必因说过一句错话而深深内疚，不必因女（男）朋友的一个小缺点而感到遗憾，不必因一顿不可口的饭菜而埋怨，不必因一次评比名落孙山而垂头丧气，不必因一次失误而放弃全部计划，不必因一个人负于你便怀疑世间的真情。考不上大学不一定是你的失败，找不到舒心的工作不一定说明你无能，失去这个机会你可以寻找另一个，搭不上这班车你可以搭下一班。

抱怨没有任何的积极意义。相信你肯定有过这样的经历：撞上一件倒霉的事情之后，气呼呼地抱怨了一番，不但没有轻松，反而发现自己的心情更加糟糕起来。其实就是这个道理。而且你还会发现：如果经常和爱抱怨的人在一起，久而久之自己也会变得萎靡不振起来，慢慢地对生活打不起信心了。这正是"抱怨熏陶的结果"。所以，在日常生活中，但凡是热爱生活的人，几乎都非常恐惧那些牢骚满腹的人，常常是只要一看见就赶紧想方设法地"逃之夭夭"。

上帝创造了万物，对谁都是公平的。上帝不会因为你是富人而少给，也不会因为你是穷人而多给。上帝给了你财富，也许会收回你的幸福；上帝给了你容貌，也许会让你爱情受挫；上帝给了你智慧，也许会让你相貌平平；上帝给了你幸福家庭，也许会让你事业无成。

这是一位孤独的年轻画家，除了理想，他一无所有。

为了理想，他毅然出门远行，来到堪萨斯城谋生。起初他到一家报社应聘，想替他们工作。编辑部周围有一个较好的艺术氛围，这也正是他所需的，但主编阅读了他的作品后大摇其头，认为作品缺乏新意不予录用。这使他感到万分失望和颓丧，和所有出门打天下的年轻人一样，他初尝了失败的滋味。

后来，他终于找到了一份工作，替教堂作画。可是报酬太低，他无力租用画室，只好借用一家废弃的车库作为临时的办公室。他每天就在这充满汽油味的车库辛勤地工作到深夜。没有比现在更艰苦的了，他想。

尤其烦人的是，每天熄灯睡觉时，就能听到老鼠吱吱的叫声和地板上的跳跃声。为了明天有充足的精力去工作，他忍耐了。也许是太了累了，他一沾着地板就能呼呼大睡。就这样一只老鼠和一名贫困的画家和平共处，倒也使这个废弃的车库充满生机。

有一天，当疲倦的画家抬起头，他在昏黄的灯光下一对亮晶晶的小眼睛。是一只小老鼠。如果是在几年前，他会设计出种种计谋去捕杀这只老鼠，但是现在他不，一只死老鼠难道比活老鼠更有趣吗？磨难已经使他具备大艺术家所具有的悲天悯人的情怀。他微笑着注视这只可爱的小精灵，可是它却像影子一样溜了。窗外风声呼啸，他倾听着天籁的声响，感到自己并不孤单，好歹有一只老鼠与他为邻，它还会来的，像羞怯的小姑娘。

那只小老鼠果然一次次出现，不只是在夜里。他从来没有伤害过它，甚至连吓唬都没有。它在地板上做着多种动作，表演精彩的杂技。而他作为唯一的观众，则奖给它一点点面包屑。渐渐地，他们互相信任，彼此间建立了友谊。老鼠先是离他较远，见他没有伤害的意思，便一点点靠近。最后，老鼠竟敢大胆地爬上他工作的画板，并在上面有节奏地跳跃。而他呢，决不会去赶走它，而是默默地享受与它亲近的情意。

信赖，往往创造出美好的境界。

不久，年轻的画家离开堪萨斯城，被介绍到好莱坞去制作一部以动物为主的卡通片。这是他好不容易得到的一次机会，他似乎看到理想的大门开了一道缝。但不幸得很，他再次失败了，不但因此穷得毫无分文，并且再度失业。

多少个不眠之夜他在黑暗中苦苦思索，他怀疑自己的天赋，怀疑自己真的一文不值，他在思索着自己的出路。终于在某天夜里，就在他潦倒不堪的时候，他突然想起了堪萨斯城车库里那只爬到他画板上跳跃的老鼠，灵感就在那个暗夜里闪了一道耀眼的光芒。他迅速爬起来，拉亮灯，支起画架，立刻画了一只老鼠的轮廓。

有史以来，最伟大的动物卡通形象——米老鼠就这样平凡地诞生了。

灵感只青睐那些勤于思考的头脑。

这位年轻的画家就是后来的美国最负盛名的人物之一——才华横溢的沃特·迪斯尼先生。他创造了风靡全球的米老鼠。谁能想到，在那间充满汽油味的车库里曾经生活过一只世界上最负盛名的影片的祖宗。米老鼠足迹所至，所受到的欢迎让许多明星望尘莫及，也让沃特·迪斯尼名噪全球。

沃特·迪斯尼成功了，可是上帝仅仅给了他一只老鼠而已。

现实中，我们总是怨天尤人，埋怨上帝待己不公。工作太累，赚钱太少；买彩票老不中大奖；别人有车开，自己买不起；别人住三室两厅的房子，而自己却只能住两室一厅的房子；评先选优没有份，调资提薪挨不到边；总觉得别人的孩子比自己的孩子聪明，总觉得别人的日子过得滋润，过得幸福；总觉得上帝偏袒他人，对自己刻薄；总觉得上帝给别人的恩赐多，给自己的恩赐少。凡此种种，一切归咎上帝。

　　不要埋怨上帝，这世上需要上帝眷顾的人太多，上帝实在太忙。当自己在生活的航海中失去目标时，不要埋怨上帝；当自己在工作中遇到挫折与困难时，也不要埋怨上帝。

　　其实我们每一个得到了太多太多，秀丽的山川、清新的空气、鲜艳的花朵、碧绿的草地、明亮的阳光、迷人的四季……这都是上帝赐予我们的，我们可以免费享用这些，可上帝并不需要我们的回报。所以，我们也不要要求那么多，在享用这些恩赐的同时也享受自己的生活吧。

第五章

给心灵洗个澡

　　生活中有太多的无奈，有太多的不如意，心的负荷沉重，我们必须学会经常让心灵洗个澡，做到内心平衡安宁，这样才能感受到生活的轻松快乐和人生的幸福美好。

浮生若茶

一辈子做人，怎样才能做个快乐的人？

一辈子沧海桑田，最后还不是云在青天水在瓶。

活着，总会有七七八八的烦恼，总会有纷繁复杂的琐事，面对这些，想幸福就要有一个淡泊的心境。

一个屡屡失意的年轻人慕名寻到老僧释圆，沮丧地说：像我这样的人，活着也是苟且，有什么用呢？释圆听后什么也不说，只是吩咐小和尚：施主远途而来，烧一壶温水送过来。

少顷，小和尚送来了一壶温水，释圆老僧抓了一把茶叶放进杯子里，然后用温水沏了，放在年轻人面前说：施主，请用茶。

年轻人呷了两口，摇摇头说：这是什么茶？一点儿茶香也没有呀。释圆笑笑说：这是名茶铁观音啊，怎么会没有茶香？

释圆又吩咐小和尚说：再去烧一壶沸水送过来。沸水送来后，释圆起身，又取一个杯子，撮了把茶叶放进去，稍稍朝杯子里注了些沸水。年轻人俯首去看，只见那些茶叶在杯子里上下沉浮，一丝细微的清香袅袅溢出来。年轻人禁不住欲去端那杯子，释圆忙微微一笑说：施主稍候。说着便提起水壶朝杯子里又注了一缕沸水。年轻人再俯首看杯子，见那些茶叶沉沉浮浮得更杂乱了，同时，一缕更醇更醉人的茶香在禅房里轻轻弥漫。释圆如是地注了五次水，那一杯茶水沁得满屋生香。

释圆笑着问：施主可知同是铁观音，却为什么茶味迥异吗？年轻人思忖着说：一杯用温水冲沏，一杯用沸水冲沏。

释圆笑笑说，用水不同，则茶叶的沉浮就不同。用温水沏的茶，茶叶轻轻地浮在水之上，没有沉浮，怎么会散逸它的清香呢？而用沸水冲沏的茶，冲沏了一次又一次，茶叶沉沉浮浮，就释出了它春雨的清幽，夏阳的炽烈，秋风的醇厚，冬霜的清冽。

是的，浮生若茶。我们何尝不是一撮生命的清茶？而命运又何尝不是一壶温水或炽热的沸水呢？茶叶因为沸水才释放了深蕴的清香；而生命，也只有遭遇一次次的挫折和坎坷，才能留下我们一脉脉人生的幽香！

人生好像载沉载浮的茶叶，少不了坎坎坷坷，起初，味道淡淡的，经过开水的浸润，一番起伏跌宕后，经久弥香。

把生命看成是学习，把挫折看成是成长，把一切的泥泞坎坷，都当作是看不见的手，它推动着你，展翅翱翔。

熬一份"孟婆汤"

"孟婆汤"是传说中一种喝了可以忘记所有烦恼、所有爱恨情仇的东西，当你离开这个世界去到另一个地方的时候，它被端在孟婆手里，奈何桥前。人生在世，多苦多难，这一碗下去，是种释然，彻彻底底地与前世做了一个了断。

虽然"孟婆汤"永远躺在传说中，现实生活中，并不存在。但是为了摆脱忧虑的影子，让自己幸福的生活，我们都必须为自己熬制一份可以忘记一切的"孟婆汤"。

学会忘记，让往事随风，让那些不如意也烟消云散，忘记自己受过的伤害，忘记曾有过的忧愁，忘记无法自拔的痛苦，只有忘记，才能够让你的心有空间去容纳新的生活，新的快乐。

人的一生像是一次长途跋涉，不停地行走，沿途会看到各种各样的风景，历经许许多多的坎坷，如果把走过去看过去的都牢记心上，就会给自己增加很多额外的负担，阅历越丰富，压力就越大，还不如一路走来一路忘记，永远保持轻装上阵。过去的已经过去了，时光不可能倒流，除了记取经验教训以外，大可不必耿耿于怀。

乐于忘怀是一种心理平衡，需要坦然真诚面对生活。有些人能够忘记失意时的尴尬和窘迫，却对顺境时的得意津津乐道，岂不知成功和失败一样会留在过去，老是沉湎过去不能释怀，常常说我年轻那会如何如何，拿明日黄花当眼前美景，让过眼烟云在心头永留，沾沾自喜，自鸣得意，陷自己于虚妄之中，便会不思进取，裹足不前。英雄不提当年勇是有道理的。而反复咀嚼过去的痛苦，永远一脸的苦大仇深就更不足取了。印度诗人泰戈尔说过"如果你为失去太阳而哭泣，你也将失去星星。"为鸡毛蒜皮斤斤计较，为陈芝麻烂谷子耿耿于怀，只怕心灵之船不堪重负，记忆之舟承载不下，会让痛苦的过去牵制住未来。

忘记需要选择，有些人有些事在你的一生中是无法忘怀的，也不该忘怀。

阿拉伯著名作家阿里，有一次和吉伯、马沙两位朋友一起旅行。三人行经一处山谷时，马沙失足滑落。幸而吉伯拼命拉他，才将他救起。马沙于是在附近的大石头上刻下了："某年某月某日，吉伯救了马沙一命。"三人继续走了几天，来到一处河边，吉伯跟马沙为一件小事吵起来，吉伯一气之下打了马沙一耳光。马沙跑到沙滩上写下："某年某月某日，吉伯打了马沙一耳光。"当他们旅游回来后，阿里好奇地问马沙为什么要把吉伯救他的事刻在石上，将吉伯打他的事写在沙上？马沙回答："我永远都感激吉伯救我，我会记住的。至于他打我的事，我只随着沙滩上字迹的消失，而忘得一干二净"。

春天忘记了冬天的寒冷才吐新纳绿，落叶缤纷。秋天忘记了春夏的付出，才甘愿把自己的衣裳披在大地母亲身上来感谢母亲为自己辛勤的付出。

新的一天开始了，阳光又是新的，让我们忘记所的烦恼，怀揣着不泯的新望，带着一颗感恩的心，微笑着轻松上路吧。

学会做减法

一生中，人们总是喜欢"加"，不断地给自己累加，功、名、利、禄，不停地加，直到无法承受之重，往往加的越多，人就会越疲惫痛苦。

所以说，为了幸福，就要学会"减去"，减去欲望，减去负担，减去纷扰，剩下的就是幸福。

有这样一首诗：

减去花团锦簇的拥趸，一抹凋兰，几竿瘦竹，也能勾勒出美的风韵；

减去八音齐奏的热闹，五尺桐木，三缕幽弦，也能演奏出泉的天籁；

减去浓辞艳赋的粉饰，枯藤老树昏鸦，也能点缀出秋的凄凉；

减去牡丹的馥郁，半碗稀粥，一杯清茶，也能弥漫出醉人的境界。

"减"早已成为一种生活哲学，城市生活叫我们无法止步，我们从一开始就活在加法的"比较级"中，有了 Good，必须 better，却最终，看不到 best 在哪里。不如换一种思路，用"减法"来净化生活。减，只因想把生活变得更好，更简单。

在很久以前，有一个人整天无精打采，总觉得自己的生活无趣，忧虑占据了他的生活。他想求得解脱。这一天他来到一位智者面前诉说自己的痛苦，想让智者帮自己找到解脱之法。

智者笑了笑，给了他一个篮子，叫他背上，把他带到一个富丽堂皇的世界里，对他说："你要你喜欢的东西，你就可以装进你的篮子里。"

他发现这个每个东西都喜欢，于是不停地装，不一会儿工夫，就装满了，他不禁遗憾，篮子太小了，没办法，他只好丢掉一些之前装进来的东西，就这样，他一边装一边丢，装上，丢下，再装上……

智者问他有什么感受，他苦着脸说："我感觉越来越重了，连走都走不动了。"

智者笑着对他说："我们来到这个世界上，心里总是不能满足，贪欲太强了，总是在不停地给自己增加负担，如果你肯学会给自己减去，那么你就会变得轻松得多了。"

"天下熙熙皆为利来，天下攘攘皆为利往"，来来往往的为了一个利停不住脚，到头来只让身体劳顿疲惫，心灵着上忧容之色。

减缓脚步，松弛神经，将牵绊自己的移开，将给自己压力地放下，将心中的忧虑倾出，身心自在地活着，便是减法人生，减少些忙碌，给自己时间品一盏春茶，别等所有你舍不得丢的东西都随岁月流逝后，最后发现，没能好好享受生活，守住自己的快乐。

减去疲惫、减轻烦恼、减去心灵上的沉重负担。减少了一次骄奢淫逸，就增加了一份灵魂的纯净与人生的宁静；减少了一次诽谤嫉妒，就增加了一份人际的空间与道德的高度；减少了一次应酬周旋，就增加了一份家人的亲情与生活的从容；减少了一次谄媚邀宠，就增加了一份人格的尊严与心灵的轻松。

有人说："人活一辈子，就是转一个圈，最后又回到原点。"既然这样，我们为何不轻松一点呢。学会放弃一些东西吧，也许放弃过后是更多的美丽；做好你人生的减法，也许减法过后会得到用加法得不到的成功。

水至清则无鱼

现在越来越多的人感叹世态炎凉、世风日下，其实世界上人物各异，好坏并存，我们又何苦去在乎这个？万物都有不足的一面，如果我们能够用包容的心去面对这个世界，也会减少我们的烦恼。

古语言："水至清则无鱼，人至察则无徒"，烦恼、忧虑都是对自己没必要的惩罚，反而去包容世间一切，是对上苍的感恩，也是对自己的赠予。

人生短暂，世事无常，同样是一辈子，有的人开开心心地过，有的人在愤恨中挣扎着过，包容是化解忧愁和怨恨最有力武器，包容能够让心灵享受自由。

英国首相丘吉尔在执政期间尽心尽力，深受国民爱戴，但是某些做法也损害了一些人的利益，使得他们对丘吉尔颇有微词。

有一次，丘吉尔去参加一个重要会议，会议上，有一位女士对丘吉尔不留情面地破口大骂，说："如果我是你太太，我一定会在你的咖啡里下毒！"会议的气氛立刻紧张起来，与会人员望着丘吉尔，丘吉尔微笑着说道："如果你是我太太，我一定将此咖啡一饮而尽。"

每个人都难免受到批评和指责，面对别人的非议，除了要自我检讨，也要包容，如果因此而陷入气愤或者忧愁，那将会是我们自己的损失。

每件事都斤斤计较不肯包容是一块巨大的坚冰，它会冻结你的心，让你变得越来越冷漠，无法去感受幸福和快乐。

一个小男孩和小朋友们一起在草地上玩耍，突然旁边一个小伙伴跑过来推了他一下，他顺势倒地，膝盖上擦破了一大块，那个小伙伴蹦蹦跳跳地拉着其他的小伙伴跑远了，他哭着走回了家，从此他拒绝和那个小伙伴一起玩。

长大以后，他的女朋友有一天背叛了他，离他而去，他伤心欲绝，开始怨天尤人，工作也不努力，评优的时候他落榜了，他对这个世界绝望了，在一个夜深人静的夜晚，他用一瓶安定结束了自己的生命。

小时候的遭遇给小男孩的心底结了一层冰，长大了，他的心里又一次结了一层冰，这些冰让他无法去体会世界的美好，最后走上绝路。

也许昨天，也许很久以前，有人伤害了你，你不能忘记，你把仇恨深深埋在自己心底，背负着这个包袱前行，总有一天会累得走不动，在这过程中，你将错过身边无数美好。

雨果说过："世界上最宽阔的是海洋，比海洋宽阔的是天空，比天空更宽阔的是人的胸怀。"

如今，她是一位医生，正逢花季年龄 28 岁，可是她的右脸边有一道伤疤，这使她至今没有结婚……

本来，医生的职责是救死扶伤，可是，望着眼前这个病人，她犹豫了……

在她 8、9 岁时，正逢上三年级，她的同桌无理的抢过她新买的一支钢笔，她当然不同意，两人扭打在一起，情急之下，同桌用一个刀片划伤了她的脸，不算深，但很长。她哭了，她不敢告诉老师和家长，也不愿以牙还牙。她的眼里含着泪，再次看了同桌一眼，同桌的嘴角边有一块痣，她永远都忘不了……在以后的日子里，她成为同学们的笑料，她只有刻苦学习，以优异的成绩来弥补。

再次看着眼前这个病人，她的脸上有着跟同桌一样的痣，不，她就是同桌！同桌是因为车祸而被送进医院的。她只要把刀开得偏一点儿，同桌的脸上也同样会出现一道疤，"复仇"本是人的本性……迟移了一会儿，她做出了令人吃惊的决定，在"公"与"私"面前，她选择了"公"。她完美做了这个手术，并且原谅了同桌。

女医生是值得敬佩的，她以德报怨，宽容别人时，自己心里也很坦荡。就如同那句话："宽容像一朵鲜花，散发着清香，即使有人踩一脚，也依然会把香味留在那人鞋底。"

不管对人对事，包容能够迎来天空无边的蔚蓝，如果你不懂宽恕，那么痛苦将会如影随形，如果你肯宽恕和包容，那么快乐就会将你围绕。

给心灵一个支点

曾经阿基米德说过这样一句话："假如给我一个支点，我就能推动地球"。可是如果问这根支点选在哪里最合适呢？

先来看一个故事：

弟子们坐在禅师周围，等待着师父告诉他们人生和宇宙奥秘。

禅师一直默默无语，闭着眼睛。突然他向弟子问道："怎么才能除掉野草？"弟子们目瞪口呆，没想到禅师会这么简单的问题。

一个弟子说："用铲子把杂草全部铲掉！"禅师听完微微笑地点头。

另一个弟子说："可以一把火将草烧掉！"禅师依然微笑。

第三个弟子说："把石灰撒在草上就能除掉杂草！"禅师脸上还是那样的微微笑。

第四个弟子说："他们的方法都不行，那样不能除根的，斩草就要除根，必须把草根挖出来。"

弟子们讲完后，禅师说："你们讲得都很好，从明天起，你们把这块草地分成几块，按照自己的方法除去地上的杂草，明年的这个时候我们再到这个地方相聚！"

第二年的这个时候，弟子们早早就来到了这里。原来杂草丛生的地已经不见了，取而代之的是金灿灿的庄稼。弟子们在过去的一年时间里用尽了各种方法都不能除去杂草，只有在杂草地里种庄稼这种方法取得了成功。他们围首庄稼地坐下，庄稼已经成熟了，可是禅师却已经仙逝了，那是禅师为他们上的最后一堂课，弟子无不流下了感激的泪水。

想改变，先要从心灵开始，如果说你充满忧虑和烦恼，想要除掉它们，最有效的就是在信中种满美好。

在闻名世界的威斯特敏斯特大教堂地下室的墓碑林中，有一块名扬世界的墓碑。

其实这只是一块很普通的墓碑，粗糙的花岗石质地，造型也很一般，同周围那些质地上乘、做工优良的亨利三世到乔治二世等二十多位英国前国王墓碑，以及牛顿、达尔文、狄更斯等名人的墓碑比较起来，它显得微不足道，不值一提。并且它没有姓名，没有生卒年月，甚至上面连墓主的介绍文字也没有。

但是，就是这样一块无名氏墓碑，却成为名扬全球的著名墓碑。每一个到过威斯特敏斯特大教堂的人，他们可以不去拜谒那些曾经显赫一世的英国前国王们，可以不去拜谒那诸如狄更斯、达尔文等世界名人们，但他们却没有人不来拜谒这一块普通的墓碑，他们都被这块墓碑深深震撼着，准确地说，他们被这块墓碑上的碑文深深地震撼着。在这块墓碑上，刻着这样的一段话：

当我年轻的时候，我的想象力从没受到过限制，我梦想改变这个世界。

当我成熟以后，我发现我不能改变这个世界，我将目光缩短了些，决定只改变我的国家。

当我进入暮年后，我发现我不能改变我的国家，我的最后愿望仅仅是改变一下我的家庭。但是，这也不可能。

当我躺在床上，行将就木时，我突然意识到：如果一开始我仅仅去改变我自己，然后作为一个榜样，我可能改变我的家庭；在家人的帮助和鼓励下，我可能为国家做一些事情。

然后谁知道呢？我甚至可能改变这个世界。

据说，许多世界政要和名人看到这块碑文时都感慨不已。有人说这是一篇人生的教义，有人说这是灵魂的一种自省。当年轻的曼德拉看到这篇碑文时，顿然有醍醐灌顶之感，声称自己从中找到了改变南非甚至整个世界的金钥匙。回到南非后，这个志向远大、原本赞同以暴制暴垫平种族歧视鸿沟的黑人青年，一下子改变的自己的思想和处世风格，他从改变自己、改变自己的家庭和亲朋好友着手，经历了几十年，终于改变了他的国家。

真的，要想撬起世界，它的最佳支点不是地球，不是一个国家、一个民族，也不是别人，而只能是自己的心灵。

要想改变世界，你必须从改变你自己开始；要想撬起世界，你必须把支点选在自己的心灵上。

种一株"忘忧草"

　　生活就像一个万花筒，经常会长出一棵棵忧郁、烦恼的花，使你的生活黯然失色。这时候，你需要在心中种一株"忘忧草"，让它来帮你遮挡忧郁，给你一片芳香和快乐。相传有一个人向三位修行人请教如何得道。第一位修行人说："在果园里，我看到葡萄在早上生长得很茂盛，到了中午，许多人来摘取，留下一片破败狼藉的景象，我因此而得道。"第二位修行人说："我坐在池边，看到莲花在清晨时分开得美丽；到了中午，有一大堆人，跳进莲花池里洗澡，不一会的工夫，莲花全部被践踏成泥，我因此而得道。"第三位修行人说："我在水边静坐，看到晨间溪里鱼儿悠闲地游来游去；到了中午，有人拿了网、带了诱饵，这些鱼儿全都成了他的网中物，我因此而得道。"这个人听完三位修行人的话后，在回家的时候，路过海边，看见沙滩上堆了许多沙堡，也已经消逝得无影无踪。他这时才想通，世上的许多事物，不论费多大的心机，花多大的力气，即使能够拥有，也只是暂时的。懂得生命和世事的无常，便会舍得；能够舍得；才不会被物欲所驱使，才能够看得清生命的本质，抛得开功名利禄，找到生命快乐的源泉。放下，是美好生活的必需。放下心中的仇恨，放下人与人之间的彼此摩擦，放下对功名利禄的刻意追求，给生命留一片绿荫，给心灵种一棵忘忧草。柏拉图说过，人生重要的不是他所处的位置，而在于他所朝的方向。懂得放下，就是朝着幸福喜悦的方向迈开了第一步。生活中，如果我们能够以乐观的态度去对待一切，快乐就会常伴在我们身旁。唐代著名的慧宗禅师常为弘法讲经而云游各地。有一回，他临行前吩咐弟子看护好寺院的数十盆兰花。弟子们深知禅师酷爱兰花，因此侍弄兰花非常殷勤。但一天深夜，狂风大作，暴雨如注。偏偏当晚弟子们一时疏忽将兰花遗忘在了户外，第二天清晨，弟子们后悔不迭：眼前是倾倒的华架、破碎的花盆，颗颗兰花憔悴不堪，狼藉遍地。几天后，慧宗禅师返回寺院。众弟子忐忑不安地上前迎候，准备领受责罚。得知原委后，慧宗禅师泰然自若，神态依然是那样平静安详。他宽慰弟子们说：当初，我不是为了生气而种兰花的。就是这么一句平淡无奇的话，在场的弟子们听后，肃然起敬之余更是如醍醐灌顶，顿时大彻大悟……生活中，人们总拥有着无止境的欲望，数不清的烦恼，这些都让人患得患失，甚至抱怨人生。无论经历怎样的凄苦与艰难，只要种下忘忧草，快乐就会昂然地绽放在生命的枝头，你的心中会充满着幸福。

花开花落终有时

一盆月季，枝繁叶茂，淡粉色的花朵绽放着微笑，渐渐地，花儿似乎一天比一天脆弱，直到几个月后，终于它枯萎了，凋零了。

人，也和这小小的花儿一样，要经历孕育期、开花期这样成长的过程，最后走向凋谢，就如同这个世界上没有不凋零的花。植物周而复始，人也一样。当不如意的事情袭来的时候，你与其痛苦烦恼，整日活在忧虑中，不如坦然接受，然后休养生息，等待下一个开花期。

一个小女孩，用一把是她身高几倍长的大扫帚，在水泥地上吃力地扫着落叶。填补这块"净土"。可她一点也不失望，仍旧不停地挥动大扫帚一下一下地扫着。

路人被打动了，停下来，和她说话，

"不累吗?"

"不累呀。"小姑娘一边说一边继续挪动大扫帚。

"这树上还有那么多的叶子要落下来，你什么时候才能扫完啊?"

"总会落的呀，妈妈说过，等到春天来了，树叶就不会落了。"

人活在世上，有许多事情要做，每件事情的结局都不可能随着自己的意愿来完成。继续执著于结局只会徒增烦恼。

我们经常会听到这样的感叹：活着真累。总是有那么多不顺心的事情让我们感到烦恼不堪。就像是注定的，那些烦恼总是不请自来。

人生中所发生的一切美好与黑暗，我们都无法预料，更多的我们都无力承担。但与其担忧与烦恼不如努力去付出，来换取一份坦然的快乐。

人生如梦，岁月无情，蓦然回首，才发现人活着是一种心情，穷也好、富也好、得也好、失也好，一切都是过眼云烟。想想不管昨天、今天、明天，能豁然开朗就是美好的一天，不管是亲情、友情、爱情，能永远珍惜的就是好心情。所有大事、小事、难事、易事、乐事、苦事，都是一件事，事情总有因有果，人与事、事与人，总有着千丝万缕的联系。当岁月在悠悠然然的钟声里消失，一切将幻化成空气中的那份宁静、淡然。所以，人应该顺其自然，知足常乐。

从前，有个寺庙，里面住着师徒二人。

夏天，寺院中大片的草地变得枯黄。

小和尚就对师傅说："师傅，赶紧撒点种子吧。"

师傅平静地说："别急，随时。"

师傅递给小和尚一把种子，谁知道，刚刚撒下，便被风吹走了不少。

小和尚急了："师傅，风吹走了好多种子。"

师傅说："莫急，那些被吹走的都是空的，撒下去也发不了芽，随性。"

撒完种子不一会儿，又来了几只小鸟，在土里胡乱啄食。小和尚赶走小鸟，又对师傅说道："坏了，鸟儿把种子都吃了。"

师傅说："莫急，吃不完，种子多着呢，随遇。"

半夜又来了一场狂风暴雨，小和尚哭着跑到师傅的房间说："雨水把种子都冲走了，这下可怎么办啊？"

师傅回答说："冲走就冲走了吧，到哪儿都是发芽，随缘。"

过了几天，以往光秃秃的土地上居然冒出来许多绿芽，就连有些没播种的地方也长出了一些小苗，小和尚兴高采烈地推师傅："快来看啊，师傅，绿苗都发芽了!"

"应该如此吧，随喜。"师傅说道，仍然如往日一般平静。

总有起风的清晨，总有暖和的午后，总有绚烂的黄昏，总有流星的夜晚，所以不如保持顺其自然的心境，把握每一个瞬间，试着去做，去面对每一个昨天、今天和明天。人生中的成败得失，全凭把握，纵使历经所有的艰辛苦难，始终要保持一种心境——顺其自然。花开的时候不去想花落，花落的时候要想到它是为了下一代更好的生存。

花开时任其绽放，云散时随它飘散，在成功得意的时候淡然处之，在落魄失意的时候也淡然处之，因为花开花落终有时，看透这些，也就看透了生命的实质——享受自然，品味恬淡。

第六章

当爱走近

太多的爱，太多的美好在我们的身边。你发现了吗？无论为什么，做出你力所能及的一点点，一点点就够了。你一点，他一点，每个人一点，堆积起来就不是一点点，而是很多很多。爱，能够让人无私，也能够让人幸福。

当爱走近，你准备好了吗？

快乐的密码是爱

　　人人都向往快乐，可是快乐就像是上了密码一样，总是触碰不到。快乐的密码究竟是什么？是爱。

　　除了爱以外的情绪都是凡人的情绪，爱是灵活无穷变化的，是最美的创造与快乐。

　　小蕾以前在感情上受过伤害，当初与她爱得死去活来的男人在谈婚论嫁的时候负她而去，给她带来的打击不小。所以尽管她与现在的男友关系非同一般，却不敢轻言"结婚"两字。男友也一直默默地关爱着她，只字不提那两个字。

　　这次，男友到外地做生意，到了那里才发现货物价格上涨，带去的钱不够。男友打电话回来叫她取些钱电汇过去。他的存折就留在她这里。但他却没有告诉她存折的密码。也许是忘了，也许是他以为她本来就知道，因为他好多次取钱存钱都是与她一起去的，她应该知道密码。其实那密码也无非是他们的生日组合：他是1969年5月6日生的，她的生日是1972年2月8日。

　　与她一起去的朋友在银行门口等她，她在柜台前填了单子，银行小姐叫她输密码时她才想起自己忘了问男友。但事已至此，她隐约记得密码是与生日有关。便输了6956。那是男友出生日期，电脑提示她输错了；她又输了6972，又错了。银行小姐看了她一眼，她不自在起来，想了一下又输入5628，结果还是错了。银行小姐用怀疑的眼光盯着她，她不敢再输号码了。在门口等她的朋友走了过来，问了几句之后，输了2856，结果密码对了。

　　在银行门口，她问朋友怎么知道的，朋友认真地对她说："他如此地爱你，做什么事肯定都会先想到你，然后才是他自己，设密码也会如此，首先想到你的生日……"

她给他汇了钱之后给他打了电话，在电话末了她轻轻对他说："回来之后，我们结婚吧……"

快乐的密码不是轰轰烈烈，只是那一份刻骨铭心而又淡淡如水的爱。

因为有爱，我们创造了奇迹。

因为有爱，我们看到了希望。

因为有爱，我们感受了幸福。

大自然中，大雁南飞总排成 V 字形，处于 V 字形尖端的大雁任务最为艰巨，因为承受的阻力最大，雁阵尾部最为轻松，于是强壮的大雁总让年弱、病弱及衰老的大雁占据这些位置。乌鸦尚懂反哺，大雁亦相互扶持，团结鼓励。何况我们这些自视高人一等的人类呢？

先爱自己幸福才会爱你

　　爱，是幸福的，但也有人说，爱，是一种痛苦的折磨。爱为什么会成为一种折磨？因为你不懂得爱自己。还有人说过，面对爱情，如果学不会绝情，至少，你该学会忘情，如果你做不到忘情，那就学着无情。如果你什么都做不到，那就学着爱自己。的确，在爱的世界里，只有你先懂得爱自己，幸福才会爱你。

　　小林曾是某公司高级主管，就在事业如鱼得水的高峰期，她遇到了丈夫阿铭。为了爱情，她放弃了事业，决定在家做全职太太。

　　但婚后不久，她发现丈夫有了外遇，丈夫的外遇是个年轻貌美的女孩。小林很生气，自己放弃一切换来的爱情不能就这么被人夺去，最后她想到了一个办法来拉回丈夫的心——整容。

　　小林拿出全部积蓄去整容，第一次非常成功。小林的丈夫对妻子的改变很惊喜，但并不赞同妻子去整容，对小林说了很多整容的弊端。但小林不以为然，认为是自己漂亮了引来了丈夫的关心。

　　不久，她又做了第二次面部整容，她变得更加漂亮了，但是丈夫却渐渐疏远她，小林认为一定是自己整的不够好，于是又开始了第三次整容。不幸的是，第三次整容失败了，她的眼睛变得下垂，皮肤也变得暗黄。丈夫对她的行为忍无可忍，提出了离婚。

　　小林绝望了，想要自杀，被丈夫拦下，并告诉她离婚的原因并不是外遇，也不是小林的容貌，而是小林不懂得爱惜自己。原来当得知妻子整容的时候，他就和外遇分了手，本来想和妻子好好生活的他却发现妻子沉迷于整容，最终选择离婚。

小林的错误就在没有先爱自己，可以说她是一个不懂爱的人，她为了爱情放弃了事业，她认为改变容貌就能让丈夫爱自己，她在爱中失去了自我，到最后一无所有。一个没有自我的女人，谁会爱呢？

我们在最痛楚无助最孤立无援的时候，在必须独自穿行黑洞的雨夜没有星光也没有月华的时候，在我们独立支撑人生的苦难没有一个人能为我们分担的时候——我们要学会自己送自己一枝鲜花，自己给自己画一道海岸线，自己给自己一个明媚的笑容。然后，怀着美好的预感和吉祥的愿望活下去，坚韧地走过一个又一个鸟声如洗的清晨。

人的一生，真的很不易。每个人的一生，都是一个大舞台，主角只是我们自己。能够主宰这个舞台的，也只有我们自己。所以，请你，每天爱自己多一点。

我们每个人都应该在自己的舞台上活得精彩，不要去计较你能给别人带来什么，也不要去考虑别人能给你什么。在人生这场戏中，别人对于你或是你对于别人，只是各取所用罢了。不要为了奉献和索取而失去自我，只有更好地爱自己，才能更好地爱别人。

当你自己成功了，你对于周围来说就是成功的。你的每一个经验，你的每一分收获，都会给别人带来价值。也许人生中的配角很多，但是戏还得要你来演。如果你很出色，你就能将你身边的配角物尽所能地发挥其作用。如果你连自己都演不好，那么配角也始终是配角，再怎么努力演也不是一出完整的戏。

对于自己来说，爱自己多一点，就是让自己开心多一点，快乐多一点健康多一点。你每天都应该让自己有一个好的心情，好的心态去面对每天的舞台。你不是为别人在演出，你是为了自己演出。

　　成功是让自己快乐，不是为了做给别人看。你时时刻刻要做给自己看，不要为了任何人或是任何事情牺牲自己。

　　请记住，你每做一件事情，只是为了让你发挥你的价值，让你自己不断地实现更高的自己。你不是非得要成为别人眼中成功的人，你只要做到让自己觉得幸福。请你让自己每天都开心和快乐，你能给予别人的，是你自己创造出来的价值，而不是你自己。

去爱吧，就像没受过伤一样

爱是一条路，是一条充满荆棘的路，很多人一旦被路旁的荆棘刺到，便不敢前行，宁可画地为牢，久而久之，便习惯了待在原地，这样的人，永远体会不到爱的快乐。

古有梁山伯与祝英台，现有罗密欧与茱莉叶。这被后人传颂的两对情侣，前者为爱化蝶飞，后者为爱生死相随。面对爱情他们很勇敢，不怕失去生命，也不怕众叛亲离，只为和自己最爱的人在一起，这个世上又有多少人能够做到？

面对爱情有人退缩，有人畏惧，有人放弃。失去和分离并不痛苦，失去后总会拥有，分离后总会团聚。如果不爱了，就洒洒脱脱地放手；如果你爱的人放弃了你，请放开自己，好让自己有机会去爱别人。这个世界上，能伤害到我们的人，一定是我们爱的人；能让我们受伤的人，一定是爱我们的人，不然，他怎么有机会在你心上刻下伤痕？

有这样一句话："一朝被蛇咬，十年怕井绳"，但是怕受伤而不去爱的人是愚蠢的，如果青春是一场戏，那爱情就是这场戏的主角，如果我们正处于青春之中，请大胆去爱，勇敢去爱，纵然爱会让人流泪，会让人心痛，但只有去爱，才能清楚知道这其中的酸甜苦辣，更不要怕受伤害，因为一切都值得。

生活中，我们总是过于苛刻，太过小心，不敢不舍去爱，很多人认为，不爱就不会受到伤害，但是不爱才是最大的悲哀。也许你不会再遭受到爱的痛苦，那么同样，你也不会品尝到爱的甜蜜。

爱是真实存在的，你去触碰，或许会刺痛你，但是，如果你不鼓起勇气，不去伸手，那么就会失去感觉它的过程。

爱情是永恒的，就像天空中的星星，可能某一颗你最喜欢的星星早在几百万年前就毁灭了，但那束光终于到你眼里的时候，你才明白什么叫相遇，什么叫无奈，什么又叫逝去。但是这都不重要，重要的是你终于明白了爱情。

爱，难分对错，能够相爱，是最快乐的事情，即使为爱留下伤口，那也是爱的笔记；即使爱错了，也没关系，至少你有回忆，有过那些美好的日子。

有人因为寂寞而错爱一个人，但也有很多人害怕错爱而孤独一生。

痛过之后，生活中的美好仍然还在继续。如果因为受过伤害而放弃追寻幸福的念头，人生岂不可惜。情感的最后，有一个爱自己的便已足矣。对待感情，本该执著。因为失意，便放弃应该得到的快乐，那么残缺的人生怎么去与生命的意义符合。

爱是一条路，但是没有通往爱的路，因为爱是一段旅程，但并不是终点。

去爱吧，就像没受过伤一样！

相信世界是美好的

往往经历了太多事情，总是会闭紧自己的双眼，不愿去看这个世界，认为世界上充满浮华与黑暗，美好的东西已不复存在。其实，这个世界，一直都是美好的。

一个犹太父亲和儿子进了集中营，那般黑暗、灭绝一切的地方！他害怕会毁了儿子的童年，让他一生都蒙上阴影。所以，在去往集中营的路上，他告诉孩子：要去一个特殊的地方，玩一个游戏，营里的所有的人都是游戏的参与者。所有的人，都将会庆祝他的生日来临。

年轻的父亲假装会说德语，为儿子翻译穿着制服大喊大叫的德国卫兵的话。那些辱骂、呵斥都是游戏的一部分，规则是孩子不能整天念叨着要妈妈，并且不能让穿制服的人看见自己哭了。做到了，他就可以得分，否则就扣分，分数足够了，他就可以赢得这场游戏，还有一份特别的生日礼物———一辆装备齐全的坦克。

那可爱又可怜的父亲为维持这个谎言煞费苦心。他不得不面对生活的艰难，在极度暴力、恐惧中欢声笑语，给孩子一个童话般的世界。日子在谎言中过去，好不容易挨到纳粹下台的前夕，父亲把儿子藏进垃圾箱里，告诉他：这是游戏的最后部分，你挨过了，就可以得到那辆坦克了。

去找妻子的父亲死在离儿子不远处。在被押解着，经过儿子的藏身之处时，他故意夸张地走路，儿子高兴地笑了起来。

他消失在一个角落里，然后，一阵枪声。

这是电影《美丽人生》的剧情，能够在纳粹集中营里这样生活，拥有这样的心态，的确是一段美丽的人生。它也告诉我们：只要爱和希望存在，生活总是美丽的。

生活是美丽的。车尔尼雪夫斯基说，美是生活。

在这个世界上，人活着都不容易，免不了曲折坎坷，也免不了悲欢离合，更逃不过喜怒哀乐。当你忙忙碌碌生活的时候，看似充实，实际上你的生活已索然无味。你无暇顾及身边的花朵、绿叶、和风、细雨，春夏秋冬对你不过是冷暖的交替。你成天忙于红尘俗事，为功名利禄身陷酒桌饭局，为富贵美色疲于奔命强作欢颜，身累了，心累了，一切的感觉归于麻痹。你怎能看到世界的美好？

世界的美好是什么？是粉面、红唇、细腰、短裙，又不全是；是香车、宝马、豪宅、骄人，也不全是；是鲜花、掌声、权势、荣誉，也不全是。世界之美既是感观的触及，更是心灵的感受。只要你稍微慢下脚步，用心轻轻感受，一切的浮云都将散去，原来美就在身边，像钻石一样散发着恒久的光芒。

两个贪心的人在地下挖珠宝，挖出来的却是一副骸骨。他俩面面相觑，立即把骸骨重新埋上，还在上面种上花和树。

花开花了，树也发了芽。两人常常经过那里，然而每每看见花和树，总情不自禁地想起地下的骸骨。已经知道真相了，再美的风景，又奈何呢？

眼中有花有树，心中仍是枯骨。

可见，世界是否美好，在于你眼中的是花是树，还是枯骨？

放眼望去，生活中处处皆美，让人目不暇接，让人情不自禁。

只要你去发现、去感受、去理解、去创造、去思想、去热爱——只要你爱不死、心活着，世界之美就会接踵而至，前呼后拥；你的眼前，若不是花团锦簇，钟鸣鼎食，也一定小桥流水，明月清风。

爱教会你转弯

我们的幸福多来源于爱，我们的痛苦也多来源于爱，爱能够带给我们幸福，爱也会教会你转弯。

还记得有这样一首小诗：

在对的时间，遇见对的人，是一种幸福

在对的时间，遇见错的人，是一种悲伤

在错的时间，遇见对的人，是一声叹息

在错的时间，遇见错的人，是一种无奈

芸芸众生，我们遇到谁，又爱上谁，都是无法选择的，在若干变数中，学会转弯，才能给自己幸福。

从前有个书生，和未婚妻约好在某年某月某日结婚。到那一天，未婚妻却嫁给了别人。书生受此打击，一病不起。

这时，路过一游方僧人，从怀里摸出一面镜子叫书生看……

书生看到茫茫大海，一名遇害的女子一丝不挂地躺在海滩上。

路过一人，看一眼，摇摇头，走了。

又路过一人，将衣服脱下，给女尸盖上，走了。

再路过一人，过去，挖个坑，小心翼翼把尸体掩埋了。

僧人解释道："那具海滩上的女尸，就是你未婚妻的前世。你是第二个路过的人，曾给过他一件衣服。她今生和你相恋，只为还你一个情。但是她最终要报答一生一世的人，是最后那个把她掩埋的人，那人就是他现在的丈夫。"

书生大悟。

当你爱的人不再爱你，你要学会及时转弯，你失去的不过是一个不爱你的人，而他却失去了一个深爱他的人，所以更大的损失在他不在你。你应该放开手，转个弯，寻找自己的幸福。

还有一个美丽的故事：

在一个非常宁静而美丽的小城，有一对非常恩爱的恋人，他们每天都去海边看日出，晚上去海边送夕阳，每个见过他们的人都向他们投来羡慕的目光。

可是有一天，在一场车祸中，女孩不幸受了重伤，她静静地躺在医院的病床上，几天几夜都没有醒过来。白天，男孩就守在床前不停地呼唤毫无知觉的恋人；晚上，他就跑到小城的教堂里向上帝祷告，他已经哭干了眼泪。

一个月过去了，女孩仍然昏睡着，而男孩早已憔悴不堪了，但他仍苦苦地支撑着。终于有一天，上帝被这个痴情的男孩感动了。于是他决定给这个执著的男孩一个例外。上帝问他："你愿意用自己的生命作为交换吗？"男孩毫不犹豫地回答："我愿意！"上帝说："那好吧，我可以让你的恋人很快醒过来，但你要答应化作三年的蜻蜓，你愿意吗？"男孩听了，还是坚定地回答道："我愿意！"

天亮了，男孩已经变成了一只漂亮的蜻蜓，他告别了上帝便匆匆地飞到了医院。女孩真的醒了，而且她还在跟身旁的一位医生交谈着什么，可惜他听不到。

几天后，女孩便康复出院了，但是她并不快乐。她四处打听着男孩的下落，但没有人知道男孩究竟去了哪里。女孩整天不停地寻找着，然而早已化身成蜻蜓的男孩却无时无刻不围绕在她身边，只是他不会呼喊，不会拥抱，他只能默默地承受着她的视而不见。夏天过去了，秋天的凉风吹落了树叶，蜻蜓不得不离开这里。于是他最后一次飞落在女孩的肩上。他想用自己的翅膀抚摸她的脸，用细小的嘴来亲吻她的额头，然而他弱小的身体还是不足以被她发现。

　　转眼间，春天来了，蜻蜓迫不及待地飞回来寻找自己的恋人。然而，她那熟悉的身影旁站着一个高大而英俊的男人，那一刹那，蜻蜓几乎快从半空中坠落下来。人们讲起车祸后女孩病得多么的严重，描述着那名男医生有多么的善良、可爱，还描述着他们的爱情有多么的理所当然，当然也描述了女孩已经快乐如从前。

　　蜻蜓伤心极了，在接下来的几天中，他常常会看到那个男人带着自己的恋人在海边看日出，晚上又在海边看日落，而他自己除了偶尔能停落在她的肩上以外，什么也做不了。

　　这一年的夏天特别长，蜻蜓每天痛苦地低飞着，他已经没有勇气接近自己昔日的恋人。她和那男人之间的喃喃细语，他和她快乐的笑声，都令他窒息。

　　第三年的夏天，蜻蜓已不再常常去看望自己的恋人了。她的肩被男医生轻拥着，脸被男医生轻轻地吻着，根本没有时间去留意一只伤心的蜻蜓，更没有心情去怀念过去。

　　上帝约定的三年期限很快就要到了。就在最后一天，蜻蜓昔日的恋人跟那个男医生举行了婚礼。

　　蜻蜓悄悄地飞进教堂，落在上帝的肩膀上，他听到下面的恋人对上帝发誓说：我愿意！他看着那个男医生把戒指戴到昔日恋人的手上，然后看着他们甜蜜地亲吻着。蜻蜓流下了伤心的泪水。

　　上帝叹息着："你后悔了吗？"蜻蜓擦干了眼泪："没有！"上帝又带着一丝愉悦说："那么，明天你就可以变回你自己了。"蜻蜓摇了摇头："就让我做一辈子蜻蜓吧……"

　　这是个凄美的故事，让人不胜惋惜。这就是爱，不是每段爱都有完美的结局，梁祝毕竟只是个传说。

　　让爱转个弯，你会发现新的方向，也许下个路口，才是你真正的幸福。

爱到七分刚刚好

俗话说："喝酒不要超过六分醉，吃饭不要超过七分饱。"其实，在爱一个人的时候也如此，爱到七分刚刚好。

爱情这个事情，十分为满，看似完美却无人能承受；五分为限，过于薄凉会让人远离；只有七分的爱情，有那么点缺憾，那么点不足，反而爱起来舒服，贴心。

爱到七分，刚好。犹如一只刚刚成熟的水蜜桃，有着鲜嫩的颜色、饱满的身体。轻咬一口，满是清新。剩下的二三分，则是保持水蜜桃清新无比的保鲜剂。

爱到七分，刚好。这样，可以给自己与别人一份从容。何必非要在爱中失去自己？剩下的二三分，留给自己，去见见久违的朋友，去逛逛想逛的商场，去看看青山绿水，拥抱自然……

爱到七分，刚好。这样，可以随时为自己保留一份理智与清醒。一旦发现男人不再爱你，随时可以抽身而退。不是要叫你不去相信，而是，人须有远虑。

爱到七分，刚好。这样，可以把剩下的三分留给自己，让我们自己在这样的三分里，做优雅的自己。这样，当彼此不再相爱时，至少痛也会减少三分。

爱到七分，刚好。这样，让恋人知道你并没有全部的心思放在他或她身上；这样，至少有三分，他或她永远掌控不了。

爱到七分的时候，思念的酸楚只会有七分，独占的自私只会有七分，等待的煎熬会只有七分，期待和希望也会只有七分；剩下两三分则要用来爱自己。

爱一个人，不要爱得浑然忘我，那样全身心的爱只应该出现在小说里，这个社会越来越不欢迎不顾一切的爱。给他一点自由，也是给自己的爱情与婚姻自由呼吸的空间，同时给自己留个余地。那飞蛾扑火般的爱情固然凄美，可最终它还是故事。你见过柴米油盐相扶到老的夫妻有什么凄美壮丽的故事吗？

我们在太爱一个人的时候，会被他牵着鼻子走，往往丧失原则，不能自已。从此，你没有了自己的思想，没有了自己的喜怒哀乐，你以他为中心，跟他在一起时，他就是整个世界，不跟他在一起时，世界就是他。

正因为太爱他，你会无原则地容忍，慢慢地他习惯于这种纵容，无视你对他的付出，甚至连你的关心他也会觉得很烦，你的忍让被他视为太没个性，于是他会开始轻视你怠慢你。

每个人都会说，爱一个人是没有理由的。因为没有理由，所以，爱是不平等的。不要以为你爱他十分，他也会爱你十分。爱情之所以美好，是因为我们把愿望也放在里面，就像小时候我们学造句：我有一个美好的愿望。

所以，爱一个人，不要爱到十分。爱到十分，他会习惯你对他的好而忘了自己也应该付出，忘了你一样需要关心需要爱。你的爱，会把他宠坏的。

如果你还继续爱得更多，很可能会给对方沉重的压力，让彼此喘不过气来，完全丧失了爱情的乐趣。

爱到七分，刚好。这样，双方才会在彼此的爱中无限地自由。

放飞你的爱人

天鹅湖中有一个小岛，岛上住着一位老渔翁和他的妻子。平时，渔翁摇船捕鱼，妻子则在岛上养鸡喂鸭，除了买些油盐，他们很少与外界往来。

有一年秋天，一群天鹅来到岛上，它们是从遥远的北方飞来，准备去南方过冬的。老夫妇见到这群天外来客，非常高兴，因为他们在这里住了那么多年，还没谁来拜访过。

渔翁夫妇为了表达他们的喜悦，拿出喂鸡的饲料和打来的小鱼招待天鹅，于是这群天鹅跟这对夫妇熟悉起来，在岛上，它们不仅敢大摇大摆地走来走去，而且在老渔翁捕鱼时，它们还随船而行，嬉戏左右。

冬天来了，这群天鹅竟然没有继续南飞，它们白天在湖上觅食，晚上在小岛上栖息。湖面封冻，它们无法获得食物，老夫妇就敞开他们的茅屋让它们进屋取暖，并且给它们喂食，这种关怀一直延续到春天来临，湖面解冻。

日复一日，年复一年，每年冬天，这对老夫妇都这样奉献着他们的爱心。有一年，他们老了，离开了小岛，天鹅也从此消失了，不过它们不是飞向南方，而是在第二年湖面封冻期间饿死的。

放飞你的爱人，否则，在不可知的未来，你的爱也许会变成一种伤害。

健康的爱情有韧性，拉得开，但又扯不断。谁也不限制谁，到头来仍然是谁也离不开谁，这才是真爱。

第七章

好心情由我决定

　　心情，是心的情感，悲伤、开心、思念、孤独……这触摸不到的情感，却会影响每一天的生活。人生这场旅行，不必在乎目的地，在乎的是沿途的风景以及看风景的心情。人活着也是一种心情，穷也好，富也好，得也好，失也好，一切都是过眼云烟，想想不管昨天今天明天，能豁然开朗的就是好的一天，不管亲情友情爱情，能永远珍惜就是好心情。我的好心情，只由我决定！

淡淡的心情

心情，是心的情感，这种情感时而复杂，时而简单，起起落落，便是人生。而这样走过的人生，固然轰轰烈烈，却满怀遗憾。反而，用最简单的心情去生活，那种淡淡的情致会给你平淡但却轻松的人生。

我们每个人来到这个世界上，都是一种缘分，人生路上每一处坎坷，每一道风景，都要以一种淡淡的心情去面对。

沏一杯清茶，放一曲淡淡的音乐，就一个人静静地，将自己融化在袅袅的清香和悠扬的音乐中，体会着席慕蓉的"把含着的三百篇诗，写在云淡风轻的天上。"

活在世上，注定了你会失去很多，但千万不要失去旷达的胸襟，面对别人你一样可以潇洒自如。

不管是快乐还是忧伤，都汇成了一种习惯。所以心不冷，只是淡了下来，淡淡地来，也淡淡地去，淡淡的心绪、淡然的挥洒。淡淡的忧伤、淡淡的意境、淡淡的孤单、淡淡的牵挂。淡淡的情绪，淡淡的品味、淡淡的享受、淡淡的回忆、淡淡的快乐、淡淡的失去，就这样淡淡的感觉着……

淡淡的思念是最美丽的心情，淡淡的牵挂是最真挚的心动。淡淡的问候是最动听的语言，淡淡的相知是最完美的深情。淡淡的知己是最贴切的默契，淡淡的朋友是我生命中最美丽的相遇。

以一种淡淡的心情去面对，你可以把世界看作一道美丽的阴影，但你却不能站在影子之外，没有心的牵涉，虚无和虚伪都只是纸做的玫瑰。

在好莱坞，有影星们意欲争夺的奥斯卡金像奖，但抢在奥斯卡金像奖颁奖之前一天公布的"金酸莓奖"，选出的却是最烂演技奖，可以说这是众多明星避之不及的。

2002年，哈里贝瑞打败众女星，得到奥斯卡金像奖影后，不久，她却因为在电影《猫女》中，被认为是"只会卖弄身材，毫无演技"，成为"金酸莓奖"的最烂女主角入围人选之一。

举办了20多年的"金酸莓奖"，很少有人愿意出席颁奖。没想到，哈里贝瑞却盛装出席了，并且在主持人宣布她的名字的时候，她还假装惊讶，双手抱头，然后兴奋地说："天啊，真想不到是我得奖！"

能够拥有这样的心态，敢于面对，勇于认输，她已经赢了。

在平常、平凡、平淡的淡淡人生中，让自己拥有一份淡淡的情愫，过着淡淡的生活，淡出一份情真意切的真情来，淡出一份淡雅清香的韵味来，淡出一份坦然宁静的心境来，淡出一份淡泊名利的境界来，淡出一份绵延悠长的爱意来，淡出一份悠然自得的生活来。

不论怎样，人生路上每一处坎坷，每一道风景，你都要以一种淡淡的心情去面对。

谁动了我的好心情

如今，我们经常听到身边的人感叹的一句话就是"郁闷"，"郁闷"的到底是什么呢？答案五花八门。人际关系问题、失恋、丢了手机、甚至脸上的一颗青春痘都能引发一整天的心情低落。还有人说，没有，就是心烦，或者说"无缘无故就会难过起来"，还有很多人"为赋新词强说愁"，究竟，谁动了我的好心情？

一个沿街流浪的乞丐每天总在想，假如我手头要有两万元钱就好了。

一天，这个乞丐无意中发觉了一只跑丢的很可爱的小狗，乞丐发现四周没人，便把狗抱回了他住的窑洞里，拴了起来。

这只狗的主人是本市有名的大富翁。这位富翁丢狗后十分着急，因为这是一只纯正的进口名犬。于是，就在当地电视台发了一则寻狗启事：如有拾到者请速还，付酬金两万元。

第二天，乞丐沿街行乞时，看到这则启事，迫不及待抱着小狗准备去领那两万元酬金，可当他匆匆忙忙抱着狗又路过贴启事处时，发现启事上的酬金已变成了3万元。原来，大富翁寻狗不着，又电话通知电视台把酬金提高到了3万元。

乞丐似乎不相信自己的眼睛，向前走的脚步突然间停了下来，想了想又转身将狗抱回了窑洞，重新拴了起来。

第三天，酬金果然又涨了，第四天又涨了，直到第七天，酬金涨到了让市民都感到惊讶时，乞丐这才跑回窑洞去抱狗，可想不到的是那只可爱的小狗已被饿死了。

乞丐还是乞丐。

西方一位哲人曾说过这样一句话："人的欲望是座火山，如不控制就会害人伤己。"

欲望是偷走我们好心情的第一罪魁祸首。

这里想说的欲望是对各种物质的、精神的东西的追求，忧虑，是包括忧愁、担心以及苦思冥想等等使人不愉快的情绪。

人生在世，有谁没有七情六欲呢，欲望是与生俱来的，到死方休。欲望导致忧虑，欲望没有实现时，会冥思苦想，去寻找实现欲望的方法或途径；欲望已经实现，会担心它又失去而不能长久，便为如何保住既得而忧虑；欲望无法实现或得而复失，会产生轻重不同的忧愁。

一个人生在世上，饿了想吃，渴了想饮，这些都是原始的欲望，但是有饱还想美味，有暖还想华丽，也是人之常情。但对于这些欲望，怕得不到满足，怕既得而复失，所以忧虑就伴随而生了。至于更高层次的欲望，如为名、为利、为权、为寿、为子孙满堂、为看遍世界风光，等等。人的欲望是无止境的，但要实现这些欲望又谈何容易呢，因此为满足这些欲望，相应的忧虑、苦苦的思考也就接踵而来。

所以说，如果想要好心情，就要稀释自己的欲望，将一切看淡，得到的再多，最后你也不过是一缕青烟，只有放松了自己，降低了欲望，你要快乐就如探囊取物。

生活中，很多现状是我们无法改变的，很多愿望也不一定都能实现。如果尝试降低自己的欲望值，幸福感就会越来越高。如果不能实现最好的，就去实现次好的、次次好的，乐观看待，也会感受到别样的幸福。

在一家医院狭窄的病房里，住着两位病人，病房设有一个窗户，透过窗户可以看到外面的世界。其中一位病人经允许，可以分别在每天上午和下午起身坐上一个小时。这位病人的病床靠近窗口。而另一位病人则不得不日夜躺在床上。

每天上午和下午，时间一到，靠近窗的病人就被扶起身来，开始一小时的仰坐。每当这时，他就开始为同伴描述起他所见到的窗外的一切。渐渐地，每天的这两个小时，几乎就成了他和同伴生活中的全部内容了。

"这个窗户俯瞰着一座公园，公园里面有一泓湖水，湖面上照例漫游着一群群野鸭、天鹅……"

躺着的病人津津有味地听这一切。这个时刻的每一分钟对他来说都是一种享受。久而久之，不靠窗的病人开始不满：为什么偏是他有幸能观赏到窗外的一切？为什么自己不应得到这种机会的？

一天晚上，他照例睁着双眼盯着天花板，这里，他的同伴突然醒来，开始大声咳嗽，呼吸急促，时断时续，液体已经充塞了他的肺腔，他两手摸索着，在找电铃的按钮，只要电铃一响，值班的护士就立即赶来。

但是，另一位病人却纹丝不动地看着。心想，他凭什么要占据窗口那张床位呢？

第二天早晨，医护人员送来了漱洗水，发现那个病人早已咽气了，他们静悄悄地将尸体抬了出去。

稍过几天，剩下的这位病人就立刻提出是否能让他挪到窗口的那张床上去。医护人员把他抬了过去，将他舒舒服服地安顿在那张病床上。接着他们离开了病房，剩下他一个静静地躺在那儿。

医生刚一离开，这位病人就十分痛苦地挣扎着，用一只胳膊支起了身子，口中气喘吁吁。他探头朝窗口望去。

他看到的只是光秃秃的一堵墙。

生活中最纷扰的一个字：争。这个世界的吵闹，喧嚣，摩擦，嫌怨，钩心斗角，尔虞我诈，都是争的结果。

这"争"就是偷走我们好心情的罪魁祸首之二。明里争，暗地争，大利益争，小便宜争，昨天争，今天争，你也争，我也争，鸡飞狗跳，人仰马翻，争到最后，也许你争到了你想要的，但是幸福和快乐早已远去了，只剩下你疲倦的身心。

　　其实生活中，可以有无数个不争的理由。心胸开阔一些，争不起来；得失看轻一些，争不起来；目标降低一些，争不起来；功利心稍淡一些，争不起来；为别人考虑略多一些，也争不起来……

　　不争，是人生至境。英国诗人兰德有一首诗是这样写的：我和谁都不争，和谁争我都不屑；我爱大自然，其次就是艺术；我双手烤着生命之火取暖；火萎了，我也准备走了。

别自寻烦恼

生活中，会有很多烦恼和忧虑，这些烦恼和忧虑有的来自外界客观因素，但大部分却是来自我们内心。

据说，晋朝时有个叫乐广的人，一次请一位朋友到家里喝酒。主人十分殷勤，在客厅里摆上宴席。那位朋友很高兴，可是当他端起酒杯一饮而尽的时候，突然看见酒杯里有一条游动着的小蛇。他感到十分厌恶，可是一下子已经把酒吞进肚子里去了。喝完酒，他很难受，总觉得肚子里有一条小蛇，因此回到家中就病倒了。

乐广听到朋友生病的消息和病因，心想："酒杯里怎么会有蛇呢？"于是，他就到那天喝酒的地方仔细察看。原来，在客厅的墙上，挂着一把漆了油彩的弓，弓的影子恰巧落在那位朋友放过酒杯的地方。弄明原因以后，乐广就又派人请那位朋友再来喝酒，并说保证能治好他的病。那位朋友来了，乐广请他仍旧坐在他上次坐的地方。那位朋友非常不安，端起酒杯一看，只见那条小蛇仍然在酒杯里活动！他心情特别紧张，双手发抖，浑身直冒冷汗。这时，乐广指着墙上那把弓，笑着说："你看，这哪里是什么蛇，只不过是墙上那把弓的影子罢了。"说完，他把墙上的弓摘下来，酒杯里的"蛇"果然不见了。那位朋友弄清了真相，消除了疑虑和恐惧，他的病马上就好了。

这则故事出自《晋书·乐广传》。后来，人们根据这个故事，概括出"杯弓蛇影"这句成语，用来比喻因疑虑而引起的恐惧，有时也用它讽刺那些疑神疑鬼，自相惊扰，在虚幻的现象面前盲目惊慌的人。

魔由心生，魔也由心除。倘若心灵一片光明灿烂，那烦恼与苦痛便会远遁他乡。

一个晴朗的日子，一位公交车司机去了车库，开动车子，沿着线路行驶。刚开始的几站一切正常，上车和下车的人都不多，行驶得非常顺利。

然而到了下一站，一个身材高大的人上了车。他像个摔跤选手，胳膊向下垂着，眼看就要碰到地面。他瞪着司机说："大约翰不用付钱。"说着就坐到了后面。

当然，司机没有和大约翰争论，只是心里有些不高兴。

第二天，同样的事情发生了，大约翰走上车，摆出了一副不想给钱的样子，然后又坐了下来。接下来的几天都是如此。

大约翰的行为激怒了司机，每次想到大约翰欺负自己的情形，司机总是睡不着觉。

终于无法继续容忍下去，司机报名参加了一些健身课程：空手道，柔道，等等。夏天快要过去了，司机变得非常强壮，更重要的是，他对自己非常自信。

于是又到了星期一，当大约翰上了车，喊道"大约翰不用付钱"的时候，司机站了起来，反目瞪着大约翰，喊道："为什么不用付钱？"

大约翰满脸惊奇，回答说："我有公共汽车通票啊。"

这看似是一则很搞笑的故事，这位司机就是在自寻烦恼，如果一开始能够问清楚，也就省去了后来的烦恼和忧虑。

有一句话说得好："世间本无烦恼事，自寻烦恼事事烦"，西哲也说："世界上最宽广的是海洋，比海洋更宽广的是天空，而比天空更宽广的是人的心灵。"一个心胸辽阔澄明的人，是不会有那么多烦恼的。诚然，也不是一切烦恼都是自寻的。但外因毕竟只是条件，内因才是根据。正如"民不畏死，奈何以死惧之"，一个人若不求长命百岁，自然也就对死亡不那么恐惧；不要大富大贵，自守清贫也就没什么痛苦了；不想出人头地，默默无闻也能自得其乐。

活着是一种心情

人生是一条苦难的河，只有坚强才能走过。很多人经常是一边过河一边埋怨河水，殊不知他们错过了更多的快乐。

有一个故事，讲的是一个苦者找到一个智者倾诉他的心事。

他说："我放不下一些事，放不下一些人。"

智者说："没有什么东西是放不下的。"

他说："这些事和人我就偏偏放不下。"

智者让他拿着一个茶杯，然后就往里面倒热水，一直倒到水溢出来。苦者被烫到马上松开了手。

智者说："这个世界上没有什么事是放不下的，痛了，你自然就会放下。"

是呀，没有放不下的。

有一个很失意的人，爬上了一棵樱桃树，准备从树上跳下来，结束自己的生命。就在他决定往下跳的时候，学校放学了。

成群的小朋友跑了过来，看到他站在树上。一个小朋友问："你在树上做什么？"总不能告诉小孩要自杀吧！于是，他说："我在看风景。""那你有没有看到身旁有许多樱桃？"另一个小朋友问道。他低头一看。发现原来自己一心一意想要自杀，根本没有注意到树上真的结满了大大小小的红色樱桃。"你可不可以帮我们采樱桃啊？"小朋友们说："你只要用力摇晃树干，樱桃就会掉下来。拜托啦！我们爬不了那么高。"

失意的人有点儿意兴阑珊，但是又拗不过小朋友们，只好答应帮忙。他开始在树上又跳又摇。很快，樱桃纷纷从树上掉下来。地面上也聚集了越来越多的小朋友，大家都兴奋而又快乐地拣拾着樱桃。一阵嬉闹之后，樱桃差不多掉光了，小朋友们也渐渐散去了。那个失意的人坐在树上，看着小朋友们欢乐的背影，不知道为什么，自杀的心情和念头都没有了。他在周围采了一些还没掉下去的樱桃，无可奈何地跳下了樱桃树，拿着樱桃慢慢走回了家。

在他回到家时，看到的仍然是那破旧的房子，与昨天一样的老婆和孩子。但是孩子们高兴地看到爸爸带着樱桃回来了。当一家人聚在一起吃着晚餐，他看着孩子们快乐地吃着樱桃时，忽然有了一种新的体会和感动，他心里想着：或许这样的生活还可以让人活下去吧。

失意的人放弃了自杀的念头。

一种新的所得往往来自不经意之中，失望的尽头总会有新的希望产生。

人生的天空永远不会是晴空万里，人生这场旅行，不必在乎终点，在乎的是沿途的风景，及欣赏风景的心情。人生不能决定生命的长度；但是可以把握它的宽度；不能左右天气的阴晴；但可以改变自己心情；不能改变自己的容貌；但可以展现自己的笑容。

生活如天气，今天晴空万里，明天也许会阴天下雨。但活着，就要活得简单，活得快乐，活得坦然。为了活着而活着，活着是一种心情。

他是一个用经历叩问生命，用心灵演绎人生的琴师。他衣衫破旧但很平整，发乱须长戴着一副积满灰尘断了腿的黑墨镜。唯一值得一看的是他手中那把胡琴。他就是阿炳。

在充满硝烟的战争年代，在风雨飘摇的无锡街头，阿炳那佝偻着身子的妻子牵着一根竹竿或折扇引着他过街，神色苍凉而高傲的阿炳背着各种乐器僵硬地向后倾着，这一对双曲线常常是人们饭后茶余的谈资，也是人们训斥孩子的口头禅。

双目失之后的阿炳走上了街头卖艺的行列，彻底成了平民百姓、街头乞丐：生在嘈杂的叫卖声里、往来如水的人影中。与他年少气盛是他一天比一天的臆忍，一年比一年的超然。

在农民在为生计而讨价还价的斥骂声里，在妓女为铜洋而打情骂俏的发嗲声里，在日本兵以侵略者的姿态跋扈于无锡城的枪炮声里，阿炳仍然倚着墙根，晒着太阳，拉动哀婉的琴音。

此时的阿炳随着思绪徘于惠山二泉的雪夜。徜徉于无锡城中的月色，他的乐思与他的心灵在外界嘈杂黑暗里躲进墙根安逸的阳光自由地飞翔、自在地交流。

半个世纪过去了，时间淘洗了多少有关生活的故事，改变了几许关于故事的生活。人们忘记了许多事物，可是当这曲《二泉映月》再度响起的时候，人们仍然会想起——

一个雪过天晴，月华普照的静夜，街灯渐亮，人们拢着棉被坐在热炕头上享受着冬天的懒散，一曲哀伤委婉的《二泉映月》在天籁激荡，善良的人们擦拭着眼泪，而那个戴着一副断了腿的眼镜、拉着一把打了结的二胡的瞎子阿炳也沉醉在所有美好的回忆里了。原来，生活真的很美。

人生不过是淡淡地来，淡淡地去，一切皆是如此，红尘看破了，不过是浮沉；生命看破了，不过是无常；爱情看破了，不过是聚散。世界本是这么简单，人总是在纠结为什么活着，其实活着本是一种心情。

输什么，也不能输了好心情

有智者说："你不可能因为给人一个微笑而丧失什么，因为它会再回来。"没有人不喜欢微笑，这个道理，更是人尽皆知，可是，我们常常不能做到，因为微笑的事情常常不在身边，而令我们烦恼的事情倒是黏在我们心上不肯走。

比如，你喜欢的一个女孩子或者男孩子不在乎你，你的身体最近有点发胖，你每天都要挤公交车上下班，你的一位朋友不知何故忽然疏远了你，你的老板批评了你，一位同事对你不太友好……不能与自己喜欢的人在一起，没有自己喜欢的事情发生，常常有输的感觉，这是很多人快乐不起来的原因或者理由。

但是，生活总会有波折的，输什么都不能输了心情，因为输了心情，就等于输了所有。所以，无论你正在面临什么问题，正在遭遇什么烦恼，都不要因此输了心情。只要你保持微笑，那么生活就会向你微笑。

一位衣衫褴褛的妇人领着小女儿在百货店里转。小女孩儿走到一架立拍得相机旁拉着妈妈的手说："妈妈，我们照张相吧。"不料妈妈却小声地告诉小女儿她们的衣服太旧了，照出的照片不好看。孩子沉默了片刻，抬起头来说："可是，妈妈，我的微笑每天都是崭新的呀！"于是，摄影师就免费为她们照了一张相。

想想生活中的自己，能不能像那个贫穷的小女孩儿一样，尽管衣衫褴褛，却也能坦然而从容地每天把微笑挂在脸上？但事实是，也许我们比那个小女孩儿幸运得多，却没有她单纯的快乐，我们就像被快乐遗弃的孩子，守在一大堆琐碎的烦恼前，愁眉不展。甚至会把在外面遭遇的烦恼带回家，对着家人乱发泄一通，使得原本不好的心情更加糟糕。

小青因为一份文件出了差错,挨了领导一顿批,心情非常郁闷。回到家,又恰逢家里的保姆请假回老家了,她只好自己去幼儿园接孩子,然后边哄孩子,边做饭,炒菜的时候,不小心又把刚拌好的凉菜打翻了,油汤溅到了她的衣服上、冰箱上、地上。这时,老公进了家门,她就开始抱怨他不管孩子,不管这个家了。老公的心情似乎也不好,俩人就争了几句,孩子又开始哭闹……小青的情绪低落到极点,最后连晚饭也没吃。

无论是工作中还是生活中,每个人都会遇到不顺利的事情,都会有心情郁闷的时候。如果让这种心情任意发展下去,郁闷的程度一定越来越厉害,不仅于事无补,还会衍生出新的烦恼,岂不是加倍的倒霉?

王卫夫妇因为工作需要,搬到了离公司较近的一个小区。住了一段时间,他们发现每天晚上 8 点左右,就能听到一男一女在弹吉他、唱歌,有时是男的唱,有时是女的唱,偶尔还合唱。而且听得出来,他们的吉他弹得相当娴熟。

一天晚上,吉他声又响起,王卫就问妻子:"你说是什么人在那里弹唱?"

妻子说:"当然是一对快乐夫妻。"

"他们为什么这么快乐呢?夜夜弹唱,竟然没有一天忧愁。"

妻子说:"他们肯定是春风得意了。"

于是,他们俩开始猜测那对夫妻的职业、年龄,以及他们的经济状况,他们想吉他弹这么好应该是某个大学的音乐老师,而且只有老师才这么有空闲有情趣,如今老师的待遇自然也不差的。

后来,说着说着,王卫的妻子叹口气说:"看看人家,过的多滋润,我们一天到晚累个半死才挣这么点工资,真是不能比。"

说着说着俩人都觉得心里不平衡起来,听着吉他声也不美妙了，倒成了一种故意炫耀和显摆。

终于，在吉他声又响起的时候，王卫的妻子忍不住对丈夫说："走，咱们去看看，叫他们不要唱了。"

他们寻声而去，可是他们发现声音是从小区外面的一间破旧平房里传来的，大学老师怎么会住在这里呢？他们疑惑地走近，门敞开着，他们看到的是一对残疾人，丈夫断了右手，妻子断了左手。弹吉他的时候，丈夫按弦，妻子拨弦，两个人的独手竟配合得像一个人的左右手一样娴熟。在他们的身边是一堆拆开的电器，原来他们不过是一对以修理电器为业的残疾人夫妇！

王卫夫妇愣在那里，这时断了右手的丈夫问："要修理电器吗？"

王卫回过神来忙说："哦，我家的一台电视机坏了，能修好吗？"

断了左手的妻子说："你放心，修电器比弹吉他还容易。"

王卫的妻子感叹说："难得你们这样乐观。"

那位断了左手的妻子用右手拢了拢头发，微笑着说："我们断了两只手，已经失去太多，不能再失去好心情。"

她的回答，让王卫夫妇震撼了很久。从此以后，他们也改变了对生活的态度，找回了丢失多年的好心情，也成了快乐夫妻。

一个人的心情是一个人真正的主人，要么是你去驾驭生命，要么是生命驾驭你，而你的心情将决定谁是坐骑，谁是骑师。所以，输什么也不能输了心情。输了心情，就等于输了全部。

只要有好的心情在，哪怕遇到再大的困难，再大的挫折，我们也有重新开始、东山再起的资本。

第八章

淡定的人生境界

生活总有来自方方面面的干扰，让我们疲惫不堪。只有从内心摆脱桎梏，抛开一切，让心回到初始的轻松，风轻云淡，才能感受到快乐的微风。

"神马"都是浮云

如今社会，压力大，烦恼多，人们的生活水平在提高，对自己的要求也越来越高。从吃饱穿暖到吃山珍穿名牌，有人追求吃，有人追求穿，有人追求房，有人追求车，其实，这一切的一切都是浮云。

有一位商人，事业很成功，拥有着上亿元的资产，他每天神经紧绷，从未轻松过。

下班回家，直接来到餐厅，餐厅的装潢十分豪华，有种皇宫的感觉，可是他根本无心注意这一切。

他在餐桌前坐了下来，很快又站了起来，在房间里来回踱步，差点被椅子绊倒，这使得他更加烦躁不安。

这时候妻子走了进来，在餐桌前坐下，他只简单打了个招呼，就继续用手敲着桌面，显得很不耐烦。晚饭端上来后，他用餐速度极快，不停地将食物送入口中。

晚餐结束后，他马上回到了自己的起居室中。这里装饰得高雅精致，墙上挂着名贵的画作，地板上铺的是土耳其产的手织地毯，还有豪华的意大利真皮沙发。他拿起了报纸看了几眼，但又放下了。随手拿起一只雪茄，吸了两口就放进了烟灰缸里。

他不知道自己该做什么，每天他都重复着这样的动作，这样的心情。他的物质生活相当完美，能够设计出像他的房子那样独特和奢华是每个室内装饰师的梦想。此外，他还拥有五辆高级座驾，这是一个普通人连想都不敢想的，可是他一点都不觉得快乐。

他每天都像个拼命三郎一样在努力赚取财富和地位，但就在这其中他迷失了自己。

人生在世，总是有着各种各样的牵绊，几乎每天都被烦恼和忧愁缠着，没有时间去欣赏周围的风景，也没有心情去体会"人间好时节"的意境禅趣。

只要我们活着，就躲不开烦恼，但那些剪不断理还乱的情感，那些茶不思饭不想的事情未必真的那么重要，更多的是我们庸人自扰。

慧能禅师在讲经的时候，忽然有一阵风吹过，旗幡随之轻轻飘动，引起了僧人们的议论。一位僧人说道："是风在动。"

另一位僧人说道："是旗幡在动。"

两位僧人意见不一，争论不休，慧能插口说道："不是风动，也不是旗幡在动，而是你们的心在动。"

人们总是为不同的事情在烦恼，在忧虑，时时刻刻都在疲惫，在痛苦，如何能够使心灵回复最初的轻松，唯一的方法就是从内心摆脱这些忧愁烦恼的桎梏，轻松坦然地面对一切得失。

古人云："不以物喜，不以己悲"，倘若世人都能有这样一颗心态去做事，去生活，能就能够活得自由自在。饿了就吃，困了就睡，自然水到渠成。但是生活毕竟是生活，不仅仅是生存，要做到不挑不拣，不计较并非易事。

著名影片坦尼克的导演詹姆斯·卡梅隆，以善于拍摄大投资的电影而著称，《泰坦尼克号》就是投资两亿美元的巨作，而《魔鬼终结者续集》和《真实的谎言》也都是投资一亿美元的大手笔。

他很会花别人的钞票，同时也很会替别人赚钞票，不为人知的是他也很会放弃自己的钞票。在他还没有成名的日子里，为了确保能导演他自己写的剧本《魔终结者》，卡梅隆连《魔鬼终结者续集》一起用一美元的价格卖给他的制片人。

到了《泰坦尼克号》由于投入的资金已达天文数字，20世纪福克斯公司要他缩减预算时，他干脆放弃自己的导演加制片费800万美元，也放弃了日后的分红，以此来交换（以今天的票房来看，他的分红至少也有一千五百万美元）。因此尽管《泰坦尼克号》创下电影史上的票房纪录，但卡梅隆本人拍摄这部电影的所得，只有他的剧本费——不到100万美元。

在他没有成名前，我们可以为他放弃拥有《魔鬼终结者》的决心而喝彩，在他享有盛名后，我们可以为他放弃拥有《真实的谎言》的气度而佩服。但《泰坦尼克号》呢？这肯定是一部他认为会成功的电影，他也早有了充分的本钱和条件来坚持自己日后应得的回报，但卡梅隆却只为完成这部电影，放弃前后两千三百万美金的个人所得。

金钱和欲望最容易束缚人们的心灵，如果我们能够把这一切的虚幻统统抛却，就像清风吹散天上的浮云一样，外界便不会干扰我们的心灵，也不会生出杂念。

如果都能够把"神马"都看成是"浮云"，那就自然"心中空明人自明"了。

笑着接受不完美

从前，一个海滩上撒满了贝壳，一个青年每捡起一个，瞧一瞧，然后就随手把它扔掉。就这样，他已经捡了一个下午，却始终没有找到自己心目中最完美的贝壳。

后来有一次，他非常幸运地得到一颗硕大而美丽的珍珠，但很遗憾，因为珍珠上面有一个小小的斑点。他想，若是除去这个斑点，它该是多么完美啊。于是，他刮去了珍珠的一部分表层，但斑点还在；他又狠心地刮去一层，斑点依旧存在。于是他不断地刮下去……最后斑点没有了，而珍珠也不复存在了。此人于是一病不起，临终前他无比忏悔地对家人说：当时我若不去计较那个小斑点，现在我手里还会攥着一颗硕大美丽的珍珠！

生活中，有很多人和上面故事中的青年一样，

爱情甜蜜、婚姻幸福、事业成功、子女孝顺、父母健康……这是人们永远都在为之努力的目标。但是，越来越多的迹象显示，放弃包容瑕疵和过度追求完美的态度，会严重影响你承受真实生活的能力，甚至造成"遗失幸福感"的危险。

当爱神维纳斯裸露的躯体、残缺的断臂展示在世人的面前时，人们感叹的并不是她美中不足的缺憾。据说维纳斯出土时，因为缺少手臂，当时的著名雕塑家们，就举行了一场重新塑造手的比赛。但是许多个方案之后，人们统一认为，没有手臂的维纳斯，比起有各种手臂的维纳斯更美丽。直到现在也没有人对她的美提出过异议，相反，她身上的缺憾引发了无尽的遐想……

当我们在追求完美的时候，当我们因为不够完美而心情不爽的时候，常常忽略了缺憾其实也是一种美，是上天赐给我们的另

一种恩惠。

人们渴望享受如花般绚烂的人生，却忘记了灿烂也有归于平淡的时刻。那些随时随地都在要求称心如意的人，也会因为自己的无限制提高要求而导致目标远离，让自己无法沉浸其中品味原态中简单快乐的滋味。

俄国作家契诃夫有句名言："要是已经活过来的那段人生，只是个草稿，有一次誊写的机会，该有多好……"这段话让很多人浮想联翩。

一位美国青年琼斯读过这句话之后，他请求上帝在他身上做个试验。

上帝哑然，但看在契诃夫的名望和琼斯一次又一次执著的请求上，就同意让他先在寻找终身伴侣这件事上试一试好了。到了该婚嫁的年龄后，上帝开始在他身上实施这个试验了……

琼斯碰上的第一位姑娘珍尼，绝顶漂亮，她对他也心有所愿，俩人在相处了一段时间之后，彼此都感到非常理想，很快，他们就结了夫妻。然而不久后，琼斯发觉珍尼虽然漂亮，可常常口无遮拦、答非所问，两人一说话就闹笑话，几乎无法沟通。她做事也不稳当、仔细，往往一做事情就出错，甚至还给他帮"倒忙"。于是，他们离了婚，他把这第一次婚姻作为草稿抹了。

琼斯第二次婚姻的对象卡西亚，不仅十分美丽，而且还十分能干、异常聪明，他感到满意了。但是，没过多久，琼斯就发现她的脾气非常坏，个性极强。三句话说不对他们就要争吵，甚至拳脚相加，大打出手。而且卡西亚的"聪明"成了她讥讽琼斯的"利器"，而"能干"也成了她捉弄和羞辱琼斯的手段。在她的眼中，琼斯不像是她的丈夫，而是总不能让她感到满意的"笨猪"，是她的奴隶……无法忍受这种折磨的琼斯，只好祈求上帝："让我再打一次'草稿'吧。"

上帝笑了笑，还是容忍了他。琼斯的第三个妻子除了具有前两个妻子的优点之外，脾气还特别好，婚后两人十分和睦，相濡以沫，倒也其乐融融，不幸的是，半年之后，娇妻却患了一场重病。虽然经过治疗，但妻子的病却越来越重，直至卧床不起。很快，她昔日的光彩就被病魔夺去了，年轻漂亮的脸庞变成了土灰色，而且看上去有些病态，她的能干和聪明也成了"水中月，镜中花"，唯一剩下的只有仍如以往的好脾气。

出于道义，琼斯觉得应该与爱妻厮守终生。但无尽的辛劳和忙碌，让他感觉自己是在疲于奔命，这简直太不幸了。"人生毕竟只有一次，我再祈求上帝给予一次'打草稿'的机会吧。"他想。这次，尽管上帝面带愠色，但还是同意了。

几度风雨之后，琼斯成熟，干练了很多、也慎重了很多。几次选择之后，他终于选到了一位年轻、漂亮、能干、温柔、健康，而又有"好脾气"的女郎。

这次，他满意极了，以为终于选到了"天使"。然而，这位"天使"在了解了他前几次婚变的情况之后，坚决不同意与之结婚，因为他认为琼斯是一个朝三暮四、贪得无厌、自私自利、没有责任心的浪荡男人。

琼斯无言以对，只好默默地向远处走去，他需要反思一下，也清净一下。

突然，踟蹰的他，看见前面新竖起的一杆路标："完美是种理想，允许你十次修改也不会没有遗憾！"——这是契诃夫二世写的名言。

人世间，从不存在着完美，只有学会了面对和接受不完美，凡事就会接近完美。我们不必苛求，要学会超脱，乐观豁达，懂得宽容和包容，用自勉去接受自己的不完美，用宽容去接受别人的不完美，你会更快乐也更自在。如果你能从任何一件事，包括那些不幸的、不如意的事，都找出美妙之处，你就是世界上最富有、最快乐的人。这是一种生活的智慧，是营造快乐人生的技巧。

完美的需求与内在安宁的渴望相互冲突。每当我们执意坚持己见时，不但无法改善任何事情，而且注定要打一场打败的战争。我们不但不懂得为已经拥有的一切感到满足与感激，还拼命钻牛角尖找差错，执意要修正它。当我们瞄准差错时，它就暗示了我们不满意、不满足。

不管这个不满是跟我们自己有关，例如衣柜不整、车子刮伤、事情做得不够完美或需要减轻体重；还是别人的"不完美"，例如他的长相、行为、或生活方式有瑕疵，只要我们把焦点放在不完美上，我们就脱离了仁慈与温和的目标。这个策略并非教你不要全力以赴，只是教你不要过度专注在生活的差错上。它是在告诉你，虽然还有更好的方式可以完成某件事，但是这并不妨碍你去享受并欣赏事情的现状。

当你消除所有生活领域的完美需求时，你就会发现生活本身的完美。生活如果都是两点一线般的顺利。就会如白开水一样平淡无味。只有酸甜苦辣咸五味俱全才是生活的全部，只有悲喜哀痛七情六欲全部经历才算是完整的人生。

幸福十三月

一年有十二个月，满腹忧伤的人，他们可以算得上是"生活"的日子加起来不足一个月，而快乐的人，他们却可以活出第十三个月。

人生苦短，过百的都是少数，为什么不让自己过得幸福，过得快乐呢？

一个十五六岁的少年，住在一幢十一层大楼的顶层，他每天都爬楼梯回家。每上一层楼梯，他都改用不同的步法，或是三步并作两步，或是悠悠的像影片的慢镜头，或是侧着身体一级一级往上跳，或者干脆背转身体向后探步……

爬楼梯是枯燥单调的，但是少年硬是把这单调的事情变得多彩起来。

人生都是有许许多多的小细节构成的，如果能够把这许许多多的小细节都活出精彩来，那么堆积起来就构成了十三个月的幸福。

生命中谁都少不了苦痛，但这些苦痛也是生命乐章中的音符，没有痛苦，哪有快乐？其实每一个苦痛中也都蕴含着快乐，这些都值得我们关起门来细细咀嚼。

在当代快节奏的生活追赶下，人们已无暇顾及去细品生命的滋味。让快乐和幸福一点一滴地在身边流逝过去。

人的一生，是追求幸福的一生，没有人会拒绝幸福，也没有人会放弃幸福，每个人都喜欢幸福，追求幸福因人而异，不同的人有不同的幸福，不同的人追求不同的幸福，那么什么是幸福？幸福是什么？相信每个人对幸福的理解、要求和看法都有所不同。

　　幸福就是——我饿了，看见别人手里拿个肉包子，他就比我幸福；我冷了，看见别人穿了件厚棉袄，他就比我幸福；我想上茅房，就一个坑，你蹲那儿了，你就比我幸福。这是电影里对幸福的调侃。

　　有一位昆虫学家和他的商人朋友一起在公园里散步、聊天。忽然，他停住了脚步，好像听到了什么。

　　"怎么啦？"他的商人朋友问他。

　　昆虫学家惊喜地叫了起来："听到了吗？一只蟋蟀的鸣叫，而且绝对是一只上品的大蟋蟀。"

　　商人朋友很费劲地侧着耳朵听了好久，无可奈何地回答："我什么也没听到！"

　　"你等着。"昆虫学家一边说，一边向附近的树林小跑了过去。

　　不久，他便找到了一只大个头的蟋蟀，回来告诉他的朋友："看见没有？一只白牙紫金大翅蟋蟀，这可是一只大将级的蟋蟀哟！怎么样，我没有听错吧？"

　　"是的，您没有听错。"商人莫名其妙地问昆虫学家："您不仅听出了蟋蟀的鸣叫，而且听出了蟋蟀的品种，可您是怎么听出来的呢？"

　　昆虫学家回答："个头大的蟋蟀叫声缓慢，有时几个小时就叫两三声。小蟋蟀叫声频率快，叫得也勤。黑色、紫色、红色、黄色等各种颜色的蟋蟀叫声都各不相同，比如，黄蟋蟀的鸣叫声里带有金属声。所有鸣叫声只有极其细微，甚至言语难以形容的差别，你必须用心才能分辨得出来。"

　　他们一边说，一边离开了公园，走在马路边热闹的人行道上。忽然，商人也停住了脚步，弯腰拾起一枚掉在地上的硬币。而昆虫学家依然大踏步地向前走着，丝毫没有听见硬币的落地之声。

　　昆虫学家的心在虫子们那里，所以他听得见蟋蟀的鸣叫。商人的心在钱那里，所以，他听得见硬币的响声。

　　这个故事说明，你的心在哪里，你的幸福就在哪里。你的心所指的方向才是幸福的方向。

　　幸福是一种心灵的感觉。需要我们仔细去感受，细心去体会，耐心去回味。不同的人，在不同的时期，经历着不同的事件，在各自的心灵深处，保留着那美好的瞬间。幸福，它时刻都伴随着我们。拥有一颗幸福的心灵，人生才会变得快乐。

一切都是最好的安排

生活中，我们难免会遇到各种各样的遗憾，许多时候我们因为一点小小的挫折便心灰意冷，仿佛自己是全世界最不幸可怜的人，忧虑便时时刻刻缠绕着我们。其实，生命中每个挫折与不幸都有它的意义，振作起来勇往直前，你会发现："一切都是最好的安排！"

伊朗德黑兰皇宫内，天花板和四壁流光溢彩，看上去就像是一颗璀璨的钻石镶嵌而成的，这里面有个小故事：

当年在修建皇宫时，建筑设计师是想用一面大镜子来装饰天花板和墙壁的，但是，当这些玻璃镜子从国外运到工地的时候，人们发现镜子都被打碎了，于是，人们把这些破损的镜子丢到了一个洞里，想要埋掉。

设计师知道后，没有生气，他命令工人们把碎掉的镜子全部捡了回来，找来许多工匠将打碎的镜子再敲打成更小的碎片。之后，设计师指挥工人们将这些小碎片镶嵌到墙壁和天花板上。

就这样，这些玻璃碎片，产生了"钻石"的效果。

镜子被打碎，这是件非常遗憾和恼人的事情，但是面对碎片痛苦万分对现状没有任何帮助，设计师用乐观将原本的遗憾变成了最醒目的亮点。

从前有一个国家，地不大，人不多，但是人民过着悠闲快乐的生活，因为他们有一位不喜欢做事的国王和一位不喜欢做官的宰相。

国王没有什么不良嗜好，除了打猎以外，最喜欢与宰相微服私访民隐。宰相除了处理国务以外，就是陪着国王下乡巡视，如果是他一个人的话，他最喜欢研究宇宙人生的真理，他最常挂在嘴边的一句话就是"一切都是最好的安排"。

有一次，国王兴高采烈来到大草原打猎，随从们带着数十条猎犬，声势浩荡。国王的身体保养得非常好，筋骨结实，而且肌肤泛光，看起来就有一国之君的气派。随从看见国王骑在马上，威风凛凛地追逐一头花豹，都不禁赞叹国王勇武过人！花豹奋力逃命，国王紧追不舍，一直追到花豹的速度减慢时，国王才从容不迫弯弓搭箭，瞄准花豹，嗖的一声，利箭像闪电似的，一眨眼就飞过草原，不偏不倚钻入花豹的颈子，花豹惨嘶一声，仆倒在地。

国王很开心，他眼看花豹躺在地上许久都毫无动静，一时失去戒心，居然在随从尚未赶上时，就下马检视花豹。

谁想到，花豹就是在等待这一瞬间，使出最后的力气突然跳起来向国王扑过来。国王一愣，看见花豹张开血盆大口咬来，他下意识地闪了一下，心想："完了！"还好，随从及时赶上，立刻发箭射入花豹的咽喉，国王觉得小指一凉，花豹就不吭声跌在地上，这次真的死了。

随从忐忑不安走上来询问国王是否无恙，国王看看手，小指头被花豹咬掉小半截，血流不止，随行的御医立刻上前包扎。虽然伤势不算严重，但国王的兴致破坏光了，本来国王还想找人来责骂一番，可是想想这次只怪自己冒失，还能怪谁？所以闷不吭声，大伙儿就黯然回宫去了。

回宫以后，国王越想越不痛快，就找了宰相来饮酒解愁。宰相知道了这事后，一边举酒敬国王，一边微笑说："大王啊！少了一小块肉总比少了一条命来得好吧！想开一点，一切都是最好的安排！"

国王一听，闷了半天的不快终于找到宣泄的机会。他凝视宰相说："嘿！你真是大胆！你真的认为一切都是最好的安排吗？"

宰相发觉国王十分愤怒，却也毫不在意说："大王，真的，如果我们能放大眼界，确确实实，一切都是最好的安排！"

国王说："如果寡人把你关进监狱，这也是最好的安排？"

宰相微笑说："如果是这样，我也深信这是最好的安排。"

国王说："如果寡人吩咐侍卫把你拖出去砍了，这也是最好的安排？"

宰相依然微笑，仿佛国王在说一件与他毫不相干的事："如果是这样，我也深信这是最好的安排。"

国王勃然大怒，大手用力一拍，两名侍卫立刻近前，他们听见国王说："你们马上把宰相抓出去斩了！"

侍卫愣住，一时不知如何反应。国王说："还不快点，等什么？"侍卫如梦初醒，上前架起宰相，就往门外走去。

国王忽然有点后悔，他大叫一声说："慢着，先抓去关起来！"

宰相回头对他一笑，说："这也是最好的安排！"

国王大手一挥，两名侍卫就架着宰相走出去了。

过了一个月，国王养好伤，打算像以前一样找宰相一块儿微服私巡，可是想到是自己亲口把他关入监狱里，一时也放不下身段释放宰相，叹了口气，就自己独自出游了。

走着走着，来到一处偏远的山林，忽然从山上冲下一队脸上涂着红黄油彩的蛮人，三两下就把他五花大绑，带回高山上。

国王这时联想到今天正是满月，这一带有一支原始部落明逢月圆之日就会下山寻找祭祀满月女神的牲品。

他哀叹一声，这下子真的是没救了。心里很想跟蛮人说：我乃这里的国王，放了我，我就赏赐你们金山银海！可是嘴巴被破布塞住，连话都说不出口。

当他看见自己被带到一口比人还高的大锅炉，柴火正熊熊燃烧，更是脸色惨白。

大祭司现身，当众脱光国王的衣服，露出他细皮嫩肉的龙体，大祭司啧啧称奇，想不到现在还能找到这么完美无瑕的牲品！

原来，今天要祭祀的满月女神，正是"完美"的象征，所以，祭祀的牲品丑一点、黑一点、矮一点都没有关系，就是不能残缺。

就在这时，大祭司终于发现国王的左手小指头少了小半截，他忍不住咬牙切齿咒骂了半天，忍痛下令说："把这个废物赶走，另外再找一个！"

脱困的国王大喜若狂，飞奔回宫，立刻叫人释放宰相，在御花园设宴，为自己保住一命、也为宰相重获自由而庆祝。

国王一边向宰相敬酒说："爱卿啊！你说的真是一点也不错，果然，一切都是最好的安排！如果不是被花豹咬一口，今天连命都没了。"

宰相回敬国王，微笑说："贺喜大王对人生的体验又更上一层楼了。"

过了一会儿，国王忽然问宰相说："寡人救回一命，固然是'一切都是最好的安排'，可是你无缘无故在监狱里蹲了一个月，这又怎么说呢？"

宰相慢条斯理喝下一口酒，才说："大王！您将我关在监狱里，确实也是最好的安排啊！"

他饶富深意看了国王一眼，举杯说："您想想看，如果我不是在监狱里，那么陪伴您微服私巡的人，不是我，还会有谁呢？等到蛮人发现国王不适合拿来祭祀满月女神时，那么，谁会被丢进大锅炉中烹煮呢？不是我，还会有谁呢？所以，我要为大王将我关进监狱而向您敬酒，您也救了我一命啊！"

国王忍不住哈哈大笑，朗声说："干杯吧！果然没错，一切都是最好的安排！"

人生之路不可能一片坦途，我们总会遇到飞来横祸，对此，我们无须悲伤，只要乐观对待，不幸不是末日，而是新的开始，要永远记住：一切都是最好的安排！

别问公平与不公平

"上天是公平的，它赐予每个人以生命与死亡。""上天是不公平的，它赐予每个人以使人羡慕乃至嫉妒的美德，同时也赐予使人抱憾、同情、扼腕等的种种缺陷。"

比尔·盖茨说："生活是不公平的，你要去适应它。"的确，几乎是从我们出生的那一刻起，不公平就显现了出来，有些孩子降生在宾馆一样的病房里，一些孩子则降生在自家黑乎乎的炕头上。到了上学的年龄，一些孩子穿着新衣，背着新书包踏进了美丽的校园，而一些孩子却只能眼睁睁看着别人背着书包暗自伤神。该工作了，一些孩子凭学历、靠关系进了著名的企业，一些孩子没有学历、没有关系，只能以体力劳动来维持生活……

当然，大多数人没有前者那么优越，也没有后者那么凄惨，而是处在一个中间的水平，但是仍然能处处感觉到不公，自己的父母为什么是偏远地区的农民而不是城市里的知识分子？自己大学毕业的时候为什么偏偏赶上国家不再分配工作？为什么到了自己该成家立业的时候房价较几年前翻了数倍？为什么自己拼命工作，而老板却把晋升的职位给了一个亲戚？

生活中不公平的事情实在是太多了，很多人为此仇视不公平，背地里唉声叹气，指责抱怨，这或许能解一时之气，但不能改变实质，比尔·盖茨说的方法是"你要去适应它"，你是否曾考虑过如何适应这样的不公？

在遭遇不公的时候，更多的人想的是改造环境，改变不公，其实，这多半是行不通的。试想，如果你大学毕业被分在基层工作，一边愤愤不平，一边敷衍工作，那么你有什么机会被升职呢？老板会认为这么简单的事情你都做不好，根本不会有责任和能力去做更高级的工作。

要想改变不公，唯一的方法就是比尔·盖茨说的"先去适应它"。只有适应环境才能改造环境。

朱福寿，上任东风股份的总经理不到 3 年时间，就把当初工人月奖金只能发 16.18 元，工人加班中暑无钱救治，很多基础工艺和管理规范不到位的轻型车厂，变成了一个绩优的上市公司，并且连续 3 年利润不断增长。

朱福寿是怎么做到的？他依靠的理论就是先适应再改变，任东风股份的总经理时，东风股份刚刚推出高档轻型卡车，但是市场反应非常不好，为查找原因，朱福寿组织了市场调研，结果发现高档轻型卡车的市场太狭窄，而中低档卡车的市场空间则很大。他主张将高档轻型卡车转为中低档卡车，但遭到了很多人的反对，他们认为以自己"二汽"的身份生产中低档轻型卡车，实在掉价。

据此，朱福寿说，现在的情况是我们生产高档轻型卡车失败了，而低档轻型卡车产品的市场容量很大。要想生存下去，我们必须先适应市场环境。如果企业能将低档做大，那时才有资格来做高档。

在朱福寿的坚持下，企业由高档轻型卡车的生产转为中低档轻型卡车的生产，仅仅两年的时间，就发生了巨大的变化。仅2002 年 4 月份，就一气生产了 7000 多辆中低档轻型卡车，而在生产高档轻型卡车时，公司最低时的产量一个月只有 600 辆，工人大约一周时间就完成任务，剩下的时间就是休息。朱福寿说，现在我们要变被动为主动了，新产品出来以后，整个环境了解清楚以后，我们可以制定一个产品战略来改造这个行业。

要想改变环境，必先适应环境，不仅企业如此，作为个人更是如此。在这个竞争激烈的社会，即便你有满腹的才华，也不一定有机会一下子做到企业的高层。比如，你大学毕业，却不得不从公司最基层的工作做起，有什么办法改变？只有先适应才能有机会，适应就是踏踏实实地去做，就像希尔顿一样：哪怕是洗一辈子马桶，也要做个洗马桶最优秀的人！

不想当元帅的士兵不是好士兵，但成为元帅之前，你必须是一名最优秀的士兵，否则你永远没有机会成为元帅。个人成长首先要适应环境，包括人际关系，如果你不适应这个环境，不能生存又谈何发展？

普希金有一首我们都非常熟悉的短诗《假如生活欺骗了你》："假如生活欺骗了你，不要忧郁，不要愤慨；不顺心时暂且忍耐。相信吧，快乐的日子将会到来。"

生活是不公平的，如果我们无法适应，因此怨天尤人，不敢面对现实，没有足够的勇气去接受现实的挑战，整天活在忧郁之中，那么我们等于被生活击垮。既然这样，我们不如去思考，如何更好地去适应生活的不公。唯有适应当下的环境，才会有机会去改变自己的处境。

不要奢望自己成为上天的宠儿，假如生活欺骗了你，给了你诸多不公平的待遇，那么请你接受比尔·盖茨的忠告：去适应它。

第九章

快乐加速度

快乐是什么？快乐是一种心境。如果你不快乐，如果你还在为烦琐的生活所累，那么，不妨试试踩下微笑的"油门"，体会快乐加速度！

微笑能让死神低头

面对灾难，面对病痛，面对死神，总是有很多伤感，很多眼泪。但是要知道，死神从不在乎眼泪，它更惧怕的是微笑。绽放在死神面前的微笑，能够让死神低头。

汶川地震中，什邡市红白中心小学四年级学生唐沁左脚粉碎性骨折，面对镜头，10 岁的小唐沁清秀的脸上却挂着甜美的微笑。那张在地震中抓拍的照片，被无数网友竞相转发、数百个网站转载。没有人不被她清甜的微笑感动，她的微笑被誉为"地震中最美的微笑"。

当地震到来的时候，唐沁正在与同学们排练六一儿童节的舞蹈。突然，教学楼剧烈摇晃起来，师生们竞相往教室外冲。当唐沁跑到 3 楼楼梯口时，教学楼坍塌下来，她被预制板砸中左腿，倒在两块预制板缝隙间动弹不得。此时，唐沁没有哭，她试图搬开压在腿上的预制板，可一股钻心的疼随即传来。

唐沁的爷爷赶到红白中心小学，找到了被压在预制板缝隙里的孙女，把她抱到了操场上。随后，唐沁的妈妈也赶到了学校，看着满身血污和尘土的女儿，禁不住号啕大哭。尽管唐沁的左腿钻心的疼，却反过来安慰妈妈说："妈妈不要哭，我没有什么事情。"

5 月 17 日，广汉市第四人民医院，医生为唐沁的左腿做了钢板螺钉固定手术。主治医生龚献说，唐沁的左腿上部粉碎性骨折，这种骨折非常疼痛，一般大人都难以忍受。手术进行了 3 个小时，唐沁的左大腿安了 15 厘米长的钢板、8 颗钢钉，缝了 24 针，但小唐沁没喊过一声疼，也没流过一滴眼泪。

也许死神原本想连同她的生命一并带走，却在那一刻，在她的微笑面前动了容，倏然地住了手……

一个面对死神的人，尚能保持灿烂的微笑，为什么我们不能微笑呢？微笑像阳光，给大地带来温暖；微笑像雨露，滋润着大地。微笑拥有和爱心一样的魔力，可以使饥寒交迫的人感到人间的温暖，可以使走入绝境的人重新看到生活的希望，可以使孤苦无依的人获得心灵的慰藉，还可以使心灵枯萎的人感到情感的滋润。

幸福的诠释是微笑，快乐的意义是微笑，温暖的真谛是微笑，挫折的鼓励是微笑，坚强的象征仍然是微笑！

一座火山爆发，随之而来的泥石流狂泻而下，流向不远处的一个小村庄。一位 14 岁的小女孩儿被惊醒，瞬间流进屋内的泥石流就淹到了她的颈部，使得她只有双臂、颈和头部露在外面。

及时赶来的营救人员围着她一筹莫展，因为对于遍体鳞伤的她来讲，每一次拉扯无疑是一种更大的肉体伤害。但是，她没有喊一个"疼"字，而是咬着牙微笑着，两手臂做出表示胜利的"V"字形，不停地向营救人员挥手致谢。

营救人员最终也没能从固若金汤的泥石流中救出她，而她脸上没有一点痛苦失望的表情，反而洋溢着微笑，而且手臂一直保持着 V 字形状，直到一点一点地被泥石流吞没。

死神可以夺去人的生命，却永远夺不去在生死关头那一个个如花般灿烂的微笑。在人生的道路上挫折、困难甚至绝境是避免不了的，最重要的是要坦然面对，自信自强，始终保持微笑的姿态。因为穿透灵魂的微笑，常常在生命边缘蕴含着震撼世界的力量，让人生所有的苦难如轻烟一般飘散。

无论遇到了多大的灾难和不幸，都让我们微笑着去面对。不要抱怨生活给予了太多的磨难，不必抱怨生命中有太多的曲折。

在死神面前，我们的生命脆弱得不堪一击，可是有了微笑，却又让我们感觉到生命的力量是何等的坚韧和强大。一个能够笑对死亡的人，定能从容面对生活中的风雨和苦难。

快乐着你的快乐

快乐是每个人的追求，但是觉得自己快乐的人并不多。如今社会压力重重，更多的人活在忧虑之中。其实，世上的每个人都拥有快乐和忧虑，只不过我们看到的更多是忧虑。快乐存在于每一个角落，能否拥有只看你是否用心观察，面对那些看起来不可逾越的困难，你是否依然充满热情，快乐着你的快乐。曾经有一个人很不快乐，他听闻有个很快乐的人，于是就去拜访。快乐的人很热情地接待了他。他问道："如果你什么朋友都没有，你还会这么快乐吗？"快乐的人回答道："快乐啊，因为我庆幸我没有的只是朋友，不是我自己。"那人又接着提问："如果你不小心掉进一个泥坑，弄得浑身脏兮兮的，你还会快乐吗？""快乐啊，我庆幸我掉进的只是一个泥坑，不是万丈深渊。""如果牙医因为失误拔掉了你的一颗好牙，你还会快乐吗？""当然了，幸亏他只是错拔了一颗牙，没有摘除我的心脏。""那如果你的生命即将结束呢？你还会快乐吗？""为什么不快乐呢？我走完了这一辈子，可以去参加天堂的盛宴了，这难道不值得快乐吗？""那有什么事情会令你不快乐呢？""忧虑都是不请自来，快乐是要靠人们去发现和寻找的，只要你愿意快乐，就一定会找到它。"的确，人们在生活中总是喜欢盯着不如意的那一面，不会去寻找乐趣，不会去挖掘美好的一面。如果能够去繁除杂，保持我们心灵的洁净，才会得到更多的快乐。快乐是自己的事情，只要愿意，你可以随时调换手中的遥控器，将心灵的视窗调整到快乐频道。快乐不是给别人看的，与别人怎样说无关，重要的是自己心中充满快乐的阳光，也就是说，快乐掌握在自己手中，而不是在别人眼中。快乐是一种感觉，这种感觉应该是愉快的，使人心情舒畅，甜蜜快乐的。世界上有两种花，一种花能结果，一种花不能结果，而不能结果的花却更加美丽，比如玫瑰，又比如郁金香，它们从不因为不能结果，而放弃绽放自身的快乐和美丽。人也像花一样，有一种人能结果，成就一番事业，而有一种人不能结果，一生没有什么建树，只是一个普通人而已。但普通人只要心中有快乐，脸上有欢笑，照样可以像玫瑰和郁金香那样，得到人们的欣赏和喜爱。无论世事如何变迁，无论道路如何曲折，只要你保持一颗快乐的心，始终快乐着你的快乐，那么幸福就会一直依偎在你的身旁。

生命是快乐而非痛苦

我们活着就要明白活着的意义，我们的生命是快乐而非痛苦。

拉丽莱晚年因战祸而家破人亡，卖掉了大房子，只留下处于旧地产一隅的小茶室自住。

这件事发生时，拉丽莱正带着老家人在伊豆山温泉旅行。有个17岁男孩在伊豆山投海自杀，被警察救起。他是个美国黑人与日本人的混血儿，愤世嫉俗，末路穷途。

拉丽莱到警察局要求和青年见面，"孩子，"她说时，青年扭过头去，不理她，拉丽莱用安详而柔和的语调说下去，"孩子，你可知道，你生来是要为这个世界做些除了你没人能办到的事吗？"

拉丽莱反复地说了好几次，青年突然回过头来，说道："你说的是像我这样一个黑人？连父母都没有的孩子？"

拉丽莱不慌不忙地回答："对，正因为你肤色是黑人，正因为你没有父母，所以你能做些了不起的事情。"

男孩冷笑道："哼，当然啦！你想我会相信这一套？"

"跟我来，我让你自己瞧。"她说。

"老糊涂……"男孩嘴硬腿不硬，还是跟着走了出来，他当然不愿意留在警察局，但也别无去处。

拉丽莱把他带回小茶室，叫他在菜园里打杂。虽然生活清苦，她对男孩却关怀备至。男孩也慢慢地不像以前那么倔强了。

为了让他培植些有用的东西，拉丽莱给了他一些生长迅速的萝卜种。10天后萝卜发芽生叶，男孩得意地吹着口哨。萝卜熟了，拉丽莱把萝卜腌得可口，给男孩吃。

后来男孩用竹子自制了一支横笛，吹奏自娱，拉丽莱听了也很愉快，赞道："除了你还没有人为我吹过笛子，乔治，真好听。"

男孩似乎渐渐有了生气，拉丽莱便把他送到高中念书。在求学那4年，他继续在茶室园内种菜，也帮拉丽莱做点零活。

高中毕业，乔治白天在地下铁道工地做工，晚上在夜校深造。毕业后，在盲人学校任教。

"现在，我已做着别人不能做只有我才能做的事情了。"乔治对拉丽莱说。

"你瞧，对吧？"拉丽莱说，"只有真正了解别人痛苦的人，才能为别人做美妙的事。"

乔治心悦诚服地点点头。

拉丽莱说："尽量让那些不幸的人知道活着的快乐，等到你从他们脸上看到感激的光辉，那时候，即使像我们这样，对生活不满而又厌倦了的人，也会感到有了活下去的意义。"

尽管如此，生活中很多人还在抱怨，抱怨和忧虑充满着我们的生活，却很少有人珍惜已经属于我们的快乐。

我们每个人都拥有属于自己的财富，这份财富就是快乐，并且没有人能够夺走。但是我们很少留意，每天只把焦点放在那些微不足道的烦恼事上，

有一位青年，老是埋怨自己时运不济，发不了财，终日愁眉不展。一天，走过来一个须发皆白的老人，问："年轻人，为什么不快乐？"

"我不明白，为什么我总是这么穷？"

"穷？你很富有嘛！"老人由衷地说。

"这从何说起？"年轻人问。

老人反问道：

"假如让你马上变成 80 岁的老人，给你 100 万，你干不干?"

"不干。"

"假如让你马上死掉，给你 1000 万，你干不干?"

"不干。"

"这就对了，你已经拥有超过 1000 万的财富，为什么还哀叹自己贫穷呢?"老人笑着地问道。

当我们遭遇到挫折，不要灰心，不要绝望，无论你此刻已经失去了什么，你仍然拥有着你最宝贵的东西——"生命"。

请试着对着镜子露出微笑，因为当你笑迎生活的时候，生活必将最美好的一面呈现给你，快乐就会重新出现。时间终究会冲淡一切伤痛，唯有快乐，生命才会成为永恒。

别关上快乐的栅栏

每个人心底都有一道栅栏，是否敞开掌握在我们的手中。如果你肯敞开这道心灵的栅栏，那么你将获得整个世界。

当玛格丽特的丈夫杰瑞因脑瘤去世后，她变得异常愤怒，生活太不公平，她憎恨孤独。孀居3年，她的脸变得紧绷绷的。

一天，玛格丽特在小镇拥挤的路上开车，忽然发现一幢她喜欢的房子周围竖起一道新的栅栏。那房子已有一百多年的历史，颜色变白，有很大的门廊，过去一直隐藏在路后面。如今马路扩展，街口竖起了红绿灯，小镇已颇有些城市味，只是这座漂亮房子前的大院已被蚕食得所剩无几了。

可院子总是打扫得干干净净，上面绽开着鲜艳的花朵。玛格丽特注意到一个系着围裙、身材瘦小的女人，清扫着枯叶，侍弄鲜花，修剪草坪。

每次玛格丽特经过那房子，总要看看迅速竖立起来的栅栏。一位年老的木匠还搭建了一个玫瑰花格架和一个凉亭，并漆成雪白色，与房子很相称。

一天，玛格丽特在路边停下车，长久地凝视着栅栏。木匠高超的手艺令她几乎流泪。玛格丽特实在不忍离去，索性熄了火，走上前去，抚摸栅栏。它们还散发着油漆味。玛格丽特看见那女人正试图开动一台割草机。

"喂！你好！"玛格丽特喊道，一边挥着手。

"嘿，亲爱的！"那女人站起身，在围裙上擦了擦手。

"我在看你的栅栏。真是太美了。"

那女人微笑道："来门廊上坐一会吧，我告诉你栅栏的故事。"

　　她们走上后门台阶，那女人打开栅栏门，玛格丽特不由得欣喜万分，她终于来到这美丽房子的门廊，喝着冰茶，周围是不同寻常又赏心悦目的栅栏。

　　"这栅栏其实不是为我设的。"那女人直率地说道，"我独自一人生活，可有许多人到这里来，他们喜欢看到真正漂亮的东西，有些人见到这栅栏后便向我挥手，几个像你这样的人甚至走进来，坐在门廊上与我聊天。"

　　"可面前这条路加宽后，这儿发生了那么大的变化，你难道不介意？"

　　"变化是生活中的一部分，也是铸造个性的因素，亲爱的。当你不喜欢的事情发生后，你面临两个选择：要么痛苦愤懑，要么振奋前进。"

　　当玛格丽特起身离开时，她说："任何时候都欢迎你来做客，请别把栅栏门关上，这样看上去很友善。"

　　玛格丽特把门半掩住，然后启动车子。她内心深处有种新的感受，她没法用语言表达，只是感到，在她那颗愤懑之心的四周，一道坚硬的围墙轰然倒塌，取而代之的是整洁雪白的栅栏。她也打算把自家的栅栏门开着，对任何准备走近她的人表示出友善和欢迎。

　　美好的生活是靠自己的努力赚来的，让自己的心灵放松一些，快乐也会来得容易一些。

每天都是一个新起点

随着旭日东升与夕阳西下，一天就这样告终，我们的生活也随之有了新的开始，太阳每天都是新的，我们的生活每天都是新的起点，新的开始。

但是有很多人都爱沉浸在过去，不管是悲伤，还是辉煌，入睡之前惦念着，甚至在梦里也惦记着，醒来后也不忘回想。总活在过去的人是无法快乐的，只有"归零"，才能有新的开始。

古时候一个佛学造诣很深的人，听说某个寺庙里有位德高望重的老禅师，便去拜访。

老禅师的徒弟接待他时，他态度傲慢，心想："我是佛学造诣很深的人，你算老几？"

后来，老禅师十分恭敬地接待了他，并为他沏茶。可在倒水时，明明杯子已经满了，老禅师还不停地倒。

他不解地问："大师，为什么杯子已经满了，还要往里倒？"

大师说："是啊，既然已满了，干吗还倒呢？"

禅师的意思是，既然你已经很有学问了，干吗还要到我这里求教？

过去永远只是过去，没有任何力量，每天一切归零，每天都是一个新的起点。

归零应该成为人生的一种常态。只有保持归零的人，保持平常心的人，才能处变不惊，宠辱不惊，才能保持清醒的头脑去发现、去创新，才能保持一颗天真烂漫的心态去享受人生的分分秒秒。

每一天都是一个新起点，就算昨天拥有悲伤、失败和痛苦，这一切都已经留给了昨天。现在就是一个新的起点，要把昨天的悲伤变成今天的快乐，把昨天的失败变成今天的成功，把昨天的不幸变成今天的幸福。如果昨天快乐、昨天幸福、昨天成功，那么，为了一个同样的目标，今天也还是一个新的起点。

英国前首相劳合·乔治有一个习惯——随手关上身后的门。有一天，乔治和朋友在院子里散步，他们每经过一扇门，乔治总是随手把门关上。"你有必要把这些门关上吗？"朋友很是纳闷。"哦，当然有这个必要。"乔治微笑着对朋友说，"我这一生都在关我身后的门。你知道，这是必须做的事。当你关门时，也将过去的一切留在后面，不管是美好的成就，还是让人懊恼的失误，然后，你才可以重新开始。"

人不可能一帆风顺，因为生活是现实的，也是残酷的，人生不如意十之八九，但我们不能沉溺于过去的失意中，让曾经的不如意成为明天的包袱。人生也有得意的时候，我们更不能沉醉于过去的成绩而骄傲自满、止步不前，让曾经的得意成为明天的阻力。

昨天是今天的动力，因而不能把昨天的疲惫带给今天，不能把昨天的失落带给今天，不能把昨天的痛苦带给今天，更不能把昨天的错误带给今天，我们没有理由用昨天的错误惩罚自己。新的开始是成功的继续和创新，只有把每一天当成新的开始，只有把昨天作为新的起点，时刻做好起跑的准备，才能跑得更快、更远。

每天早晨起来第一件要做的事，就是告诉自己：我行，我已经准备好了。每天起来都要给自己一个美丽的微笑，用最平和的心和最炽热的情感迎接新的挑战。也许今天会面临比昨天更大的困难、更多的挫折，然而，坚强、面对、勇敢地迎上去，一定有意外的收获，即使结果不能够尽如人意，但我们努力了，我们尽心尽力地做了，我们给明天留下的是希望而不是遗憾。

　　昨天已经过去，明天是未知的。太多太多的事情我们都无法猜测，无法预料的，没有人知道你会在下一秒钟发生什么事情。我们无法知道以后会怎样，但是我们能够掌握现在自己的命运，只要我们每天都给自己一个希望，我们相信明天会更好，虽然我们改变不了事实，但我们可以调整自己的心，虽然我们不知道自己的生命到底有多长，但我们可以珍惜当前的生活。希望只属于坚强，有信心的人。每天都给自己一个新的希望，明天的道路将会更加宽敞。

心想事成的密码叫希望

心想事成是每个人的愿望，却也是奢望。说是奢望，因为人们总是无法破解它的密码。有人说是努力，有人说是运气，也有人说是命数，虽然这三者也是心想事成的因素，但是还不足打开这把锁。

小时候，克奇尔每年夏天都要随父母去内布拉斯加的爷爷那里。

克奇尔记忆中的爷爷是佝偻着身子，瘸了腿的老人。听爸爸说，爷爷年轻时很英俊，很能干，他做过教师，26 岁时就当选为州议员了，正是事业如日中天的时候他患了病——严重的中风。

宽阔的原野，高高的草垛，哞哞的牛声，脆脆的鸟鸣，使克奇尔流连忘返。

"爷爷，我长大了也要来农场，种庄稼！"一天早上，克奇尔兴致勃勃地说出了他的愿望。"那你想种什么呢？"爷爷笑了。

"种西瓜。"

"唔，"爷爷棕色的眼睛快活地眨了眨，"那么让我们赶快播种吧！"

克奇尔从邻居玛丽姑姑家要来了五粒黑色的瓜子，取来了锄头。在一橡树下，爷爷和克奇尔翻松了泥土，然后把西瓜籽撒下去。做完这一切，爷爷说："接下去就是等待了。"

当时克奇尔并不懂"等待"是怎么回事。那个下午，克奇尔不知跑了多么趟——去看看他的西瓜地，也不知为此浇了多少次水，把西瓜地变成一片泥浆。谁知，直到傍晚，西瓜苗却连影子也没有。

晚餐桌上，克奇尔问爷爷："我都等了整整一下午了，还得等多久？"

第二天早晨，克奇尔一醒来就往瓜地跑。咦！一个大大的、滚圆滚圆的西瓜正瞅着他笑呢！克奇尔兴奋极了——他种出世界上最大的西瓜了！

稍大些，克奇尔知道这个西瓜是爷爷从家里搬到瓜地里的。尽管这样，克奇尔不认为那是一种游戏，是慈爱的爷爷哄骗孙子的把戏，那是在一个不懂事的孩子心中适时播下的一颗希望的种子。

如今，克奇尔已有了自己的孩子，事业上也有所成就。而克奇尔觉得自己乐天的性情与成功的生活是爷爷为他在橡树底下播的种子长成的——爷爷本来可以告诉他，在内布拉斯加州种不了西瓜，8月中旬也不是种瓜的时节，而且树荫下边也不宜种瓜……但是他没有这么做，而是让克奇尔实地体验了"希望"与"成功"的滋味。

克尔奇的爷爷给了他希望，也就给了他阳光，这片阳光充满着他的人生。人的心灵就像是一棵树，只要怀揣希望，就会听到花开的声音。

就像人活着，总会呼吸一样，只要活着，就要心存希望。心中没有希望的人就如同是没有火焰的蜡烛，成了世界的摆设。

在英国一座小镇的郊外，有一个别致的小木屋，屋子里住着一个孤独的老人，他有一个很大的花园。人们每天都能看到他在园子里忙忙碌碌，他给它们修剪枝叶，浇水施肥，把花园侍弄得非常好，一年四季，蜂飞蝶舞，姹紫嫣红，引得不少人在此驻步流连。

有一天，一位年轻的画家路过这里，他非常欣赏地看着这个美丽的花园和木屋。他想，要是自己住在这样一个美丽的地方该有多好。这时他看到了那位老园丁，更令他惊奇的是，老园丁是个盲人。这让画家感到十分意外，于是他走近老园丁，不解地问："你每天都在不知疲倦地忙碌，而你根本看不见这些美丽的花朵，这是为什么？"盲人笑了，他说："我可以告诉你4个理由：第一，我年轻的时候是个园丁，我热爱园艺工作；第二，我的眼睛虽然看不见，但我有手啊！我可以抚摸我的花；第三，我住在花园里，可以闻见它们的芬芳；至于第4个原因嘛，则是因为你。"

"我？但是，你本来就不认识我呀？"画家有些惊奇。

老人接着说："是的，我是不认识你，但我知道花是人间仙子，所有人都认识花，都不会拒绝花的邀请。我知道不少像你这样热爱生活的人在此经过，都会因为看到我花园的美丽而驻步，从而心情愉快。我也因此有机会和你在这里聊天，一起分享花带来的快乐。"

盲人种花，把花种在了心里，虽然看不到花开的美丽，他一定能听到花开的声音，因为他对这个世界充满着希望。

在一所房子里，住着一位孤苦伶仃的老奶奶，在她26岁的时候，丈夫外出做生意，却一去不复返。是死在了乱枪之下，还是病死在外，还是像有人传说的被人在外面招了养老女婿，都不得而知。当时，她唯一的儿子才5岁。

丈夫不见踪影几年以后，村里人都劝她改嫁。没有了男人，孩子又小，这寡守到什么时候才是个头？她没有走。她说，丈夫生死不明，也许在很远的地方做了大生意，没准哪一天发了大财就回来了。她被这个念头支撑着，带着儿子顽强地生活着。她甚至把家里整理得井井有条。她想，假如丈夫发了大财回来，不能让他觉得家里这么窝囊。

这样过去了十几年，在她的儿子17岁的那一年，一支部队从村里经过，她的儿子跟部队走了。儿子说，他到外面去寻找父亲。

　　不料儿子走后又是音信全无。有人告诉她说儿子在一次战役中战死了。她不信，一个大活人怎么能说死就死呢？她甚至想，儿子不仅没有死，而是做了军官了。等打完仗，天下太平了，就会衣锦还乡。她还想，也许儿子已经娶了媳妇，给她生了孙子，回来的时候就是一家子人了。

　　尽管儿子杳无音信，但这个想象给了她无穷的希望。她是个小脚女人，不能下田种地，她就做绣花线的小生意，勤奋地奔走四乡，积累钱财。她告诉人们，她要挣些钱把房子翻盖了，等儿子和丈夫回来的时候住。

　　有一年她得了大病，医生已经判了她死刑，但她最后竟奇迹般地活了下来。她说，她不能死，她死了，儿子回来到哪里找家呢？

　　她就这样一直健康地活着，天天算着，她的儿子生了孙子，孙子也该生孩子了，就这样想着，她已经过了百岁，她布满皱纹的沧桑的脸上，总是会浮现绚烂的笑容。

　　就是一个希望，一个信念，支撑着老人一直好好活着，快乐地活着。

　　苦难就好像是巫婆一样，总是缠着我们，施着各种巫术，唯一能够对付她的方法就是将希望种在心中。

　　心中的梦依靠希望获取力量，残梦的碎片汲取一滴希望之水也能重焕新的光彩。

遇见心想事成的自己

　　幸福是什么？很多人认为幸福就是"心想事成"，可是现实却往往事与愿违，这就导致了幸福离我们很远。

　　其实，"心想事成"并不是个奢望，只要你能够操纵好自己的内心，也许就在下一站，你就能遇见心想事成的自己。

　　有一个美丽的古希腊神话：

　　相传在古希腊的塞浦斯群岛上有一个年轻的国王，叫皮格马利翁。这位年轻的国王酷爱雕刻艺术。有一天，他用象牙雕刻了一位美丽纯情的少女，没想到，他竟深深地迷恋上了这个少女，对她倾注了满腔的痴情。他祈祷上帝赐给少女以生命，以使他们能够相聚在一起。他的痴情和忠诚感动了上帝，少女真的变得有生命了。这位年轻的国王终于"心想事成"了。人们也因此将这一现象称为"皮格马利翁效应"。

　　那么现实生活中，是否也存在着神奇的"皮格马利翁效应"呢？

　　小磊是个很调皮的男孩，不仅课下很活跃，连上课也调皮捣蛋，让老师十分头疼，经常批评他，他也是左耳听右耳冒，从不放在心上。

　　一个新学期开始了，小磊的班级新换了一个班主任，新来的老师在第一节课下课后把小磊叫到了办公室，小磊以为老师又要批评他，便一副不以为然的样子。新班主任对他说："之前的老师对我说过你，说你思维敏捷，很聪明，对人又热情，对班级事务也很积极，通过这一堂课的观察，我觉得没错，我决定让你当班长，你要好好表现哦。"

听了新班主任的话，小磊呆住了。

小磊担任班长以后，一直尽职尽责，也不再像以前那样调皮捣蛋了，连学习成绩也大幅度提高，真正成为一名优秀的学生。

其实，当时那番话并不是以前的班主任告诉新老师的，是新老师自己编制的美丽谎言。

老师对小磊充满信心并寄予厚望，这种力量感染了小磊，使小磊对自己的要求也更加严格，努力向老师所期望的方向发展，因而学习成绩明显提高，其他各个方面也都有巨大的进步。这就是由老师带来的"皮格马利翁效应"，使这位新班主任"心想事成"。

小杨是一家电脑软件集成服务公司的经理，这个外企公司最近高级干部有了调动——原来的美国籍总经理回国了，换了一个台湾的总经理阿才。阿才年轻有为，以前在台湾当地就很有名。但阿才初来乍到内地，对于内地做事的原则不太熟悉，给小杨施加了很多压力。小杨也很不习惯老板凡事都要亲自过问的管理方式，觉得老板不信任自己。连报销一些简单的账目都要一个一个询问，好像怀疑自己挪用公款似的。小杨的情绪越来越不满，连带地影响到了他那个部门的士气。

最近有一个大客户正在招标一个项目，本来这个老客户应该顺理成章选择小杨公司的产品和服务的，但是前些时候小杨的手下刚刚出了一个大纰漏，让客户公司损失了不少。为此，阿才对小杨也颇有微词，几乎每次开会都有意无意提到领导力的重要性，直言好的管理者是可以避免员工犯下致命的错误的。因此，这次的案子，小杨也很没有信心，士气低落，老板不谅解，让他忧心忡忡。

当我们人生中遇到阻碍和困难，你可以把它当成一次挑战，努力地去克服它，这是一个磨炼和学习的机会，在这个过程中，你会更有力量。小杨就应该坦然地面对新老板，并对自己充满自信，这样他的镇定也会感染自己的部下，从而上下团结一心，自然也会达到"心想事成"。

人生本是一段幸福的旅程，你不可能经由一个不幸福的旅程，而达到一个幸福的终点，在这段旅程中，只要幸福，只要保持你心灵的力量，那么最后，你一定会遇到那个心想事成的自己。

第十章

让幸运来敲门

　　每个人都渴望幸运，希望幸运之神能够光顾自己，可是却发现幸运的人总是幸运，倒霉的人总是倒霉，难道幸运之神如此偏心？什么样的人能够得到他的眷顾呢？其实，每一个人都可以成为一个幸运的人，因为幸运随时都会敲门。你准备好了吗？

做好给幸运开门的准备

幸运，是个很神奇的东西，有时候不知不觉间就来到人们身边，有时候又怎么等都不来。每个人都等着幸运来敲门，可是当幸运来敲门的时候，你在不在？

想要幸运，就要时刻做好准备，做好给幸运开门的准备。幸运就像受磁力影响的铁块，它只对那些拥有"磁力"的人感兴趣，所以为目标努力奋斗的人，往往会成为幸运宠儿。如果想得到幸运的青睐，就应该做好"迎接幸运"的准备，至少要准备好把握机会。如果没有任何准备，即便幸运来临，也无法把握，无法将幸运的机会转变成"人生的幸福"。如果渴望得到幸运，那么首先要判断自己是否做好了迎接幸运的准备。很多尝过成功甜头的人，都不会特别在意运气。因为他们明白一个道理：只要自己做好了万全准备，就能遇到无数个幸运的机会。上帝其实早就为我们准备了很多幸运的礼物，但我们能否抓住，就要靠自己的努力了。

幸运像酵母一样，如果你有幸抓住的话，它可以帮你无限地放大再放大。想要自己成为一个幸运儿，首先要从心里树立起我很幸运的心理准备，机会永远给有准备的人保留着，就像我们期盼的运气一样，它一直都在，只是你有没有产生自己被砸中的思想，促使你会不会去动手捕捉而已。

某公司职员小美的理想是到英国工作，因为她从上学的时候开始就喜欢英语，但由于家境贫困，实现这个理想如同天方夜谭，但是她每天都会抽出时间学习英语，同时了解英国文化，而且还存了一笔钱。按照现在的情况，她估计自己四十岁才有机会出国留学，但她并没有因为难以达到目标就放弃梦想。

有一天，她突然接到海外支持部职员的电话，听口气好像是有急事，但她是企划部的职员，一时不知道该怎么办。

"我需要一份紧急传真，可是海外支持部都没有人接电话。"

原来，欧洲分公司的职员打了一个多小时的电话都没人接听，无奈之下只好向其他部门寻求帮助。当小美赶到海外支持部时，办公室里空无一人，于是小美向对方提出了一个建议。

"再过一小时你们就要下班了吧？可能来不及了。这份传真我可以帮您发，但是由于资料还没有整理好，所以需要您亲自整理后再给我，您看这样行吗？"对方听取了小美的建议，而且在第二天就顺利地签订了重要的合约，事后又打了一通电话来感谢小美。原来，她就是伦敦分公司的金部长。此后，她们经常用电话互相问候。

金部长回国后，在百忙之中和小美见了一面。那一年，金部长就推荐小美到分公司工作，意外地让小美的梦想提前实现。

小美有明确的奋斗目标，而且付出了很多努力。她虽然没有什么好条件可以到英国留学，但时时刻刻都在做准备，因此当她接到从伦敦打来的电话时，也能游刃有余地应对。另外，她平时就比较关心英国分公司的事情，因此能够帮对方找到想要的数据。正因为小美是"做好了准备的幸运儿"，所以才能获得幸运之神的垂青。

幸运就像空气一样游离在我们身边，我们随时都有可能和幸运碰出火花。但最关键的问题是，当幸运来临时，你能否及时地抓住它？你准备好一切了吗？

当幸运降临时，很多人却不懂得把握，只能和幸运擦肩而过。而有些人感觉到幸运的存在，却没有能力抓住它。幸运只属于有能力、准备好一切的人。

当上帝差派幸运天使来敲门，让我们随时都待在家，不再错过他。

快乐和好运同株相连

生活中，常常有这样一种人，每天一睁开眼睛就发愁，还没做什么事就盼着这天赶紧结束，中午还没有过完，就感觉已经进入了夜晚，已经到了半夜三更，还在为白天的事情烦恼……每当他们遭遇挫折或者失败的时候就会感叹自己命运的不幸，他们不相信自己也会交到好运，总是以消极的心态去面对，无心也无力去改变。

幸运的人好像总是幸运的，他们总能够交到好运，而不幸却总是落在不幸的人身上。导致了幸运的人很快乐，然后再幸运，不幸的人很痛苦，再遭受不幸的恶性循环。其实，每个人都会交好运，能够给我们好运的不是上苍，而是我们自己。

有一个家庭主妇非常幸运，因为她总能赢得各种抽奖比赛。她的秘诀是什么？那就是她参加了相当多的竞赛。每周她都参加大约 60 种通过邮寄参加的竞赛，以及大约 70 种在网上举行的竞赛。在每一次尝试中，她获奖的概率都在增加。她以此为乐，即使不中，也很乐观，继续开心地参加下一次竞赛。

她说："我是一个幸运儿，但是运气是靠自己创造的。"

快乐和好运是同株相连的。

国王有七个女儿，这七位美丽的公主是国王的骄傲。他们那一头乌黑靓丽的长发远近皆知。所以国王送给他们每人一百个漂亮的发夹。

有一天早上，大公主醒来，一如往常的用发夹整理他的秀发，却发现少了一个发夹，于是他偷偷地到了二公主的房里，拿走了一个发夹。二公主发现少了一个发夹，便到三公主房里拿走一个发夹；三公主发现少了一个发夹，也偷偷地拿走四公主的一个发夹；四公主如法炮制拿走了五公主的发夹；五公主一样拿走了六公主的发夹；六公主只好拿走七公主的发夹。

于是七公主的发夹只剩九十九个。七公主没有沮丧，她也没有去拿别人的发夹，依然快乐地戴着属于她的九十九个发夹。

过了几天，邻国英俊的王子忽然来到皇宫，他对国王说："昨天我养的百灵鸟叼回了一个发夹，我想着一定是属于公主们的，而这也真是一种奇妙的缘分，不晓得是哪位公主掉了发夹？"

公主们听到了这件事，都在心里想说："是我掉的，是我掉的。"可是头上明明完整的别着一百个发夹，所以都懊恼得很，却说不出。只有七公主走出来说："我掉了一个发夹。"

话才说完，一头漂亮的长发因为少了一个发夹，全部披散了下来，王子不由得看呆了。

故事的结局，想当然的是王子与公主从此一起过着幸福快乐的日子。

一百个发夹，就像是完美圆满的人生，少了一个发夹，这个圆满就有了缺憾，也正是由于这种缺憾，让前六位公主不快乐，并想方设法让自己圆满，却不知道在追求完美的过程中，她们已经与好运失之交臂。

很多人只知道因为幸运才快乐，而不知道因为快乐才幸运，快乐与好运同株相连，只要你有一颗快乐的心态，幸运总会降临。

没有命中注定的不幸

有这样一句诗："你喜欢，你高兴，花儿努力地开；你厌恶，你忧愁，花儿也努力地开。"是的，无论你的心情怎样，花儿每天都在努力地绽放自己的美丽，所以不要让你的哀怨而浪费美丽。

听过无数"不幸"的故事。最常见的模式就是，当事人穿着"受害者"的外衣，充满无助地讲述自己的"不幸"。不久，我们就会被带入当时的环境和语言所营造的"悲伤场"，发出"他真可怜"的感叹。

也许有些不幸，的确让人为之扼腕叹息，义愤填膺。但是，大多时候，当我们脱离了当事人营造的"悲伤场"，马上会发现，那些所谓的"不幸"背后，完全是一种夸张，是他们费尽心机为自己挖下的自怜陷阱。

一个女孩儿失恋了，与之相恋了4年多的男友忽然提出与她分手，她想起他的种种海誓山盟，他说要爱自己一辈子，陪自己一辈子……她想起他对自己说的甜言蜜语：宝贝，你是我的最爱，我就愿意被你欺负……可这一切，不过才经历了4年的时间，怎么一夜间就灰飞烟灭了呢？

她每天以泪洗面，她想求他不要离开自己，她给他打电话，不接，发信息，不回，后来干脆换了号码。她发疯似的四处找他，才发现他已经辞职，搬了家，而他的朋友也都不知他的去向。

她不甘心，不甘心就这样失去他，她无心工作，干脆辞了职，放任自己在漫无边际的痛苦里游荡。终于有一天，她的一个朋友说她曾在一家餐厅里见到他和一个女孩儿在一起，很亲密的样子。她的泪汹涌而出，好久才恨恨地说："我要找到他，我要报复他。"她开始抽烟，喝酒，乱交男友，可是她没有因此而获取快乐，相反却陷入了愈来愈深的痛苦之中。

这个女孩因为不懂放手，所以将自己推入了痛苦的深渊。爱无对错，别苦苦纠缠你的得失，他爱你时出自本意，他同样也有投入和付出，离开时也并非他的故意变心，只是无法将心生的厌倦伪装成欣喜。若强迫一个不再爱你的人留在身边，比失去他更为悲哀！

分开的时候，认真地反问自己：是否还爱他？若已不爱，不要为可怜的自尊而不肯离开：如果还是那样深爱，爱不是占有，爱他就给他幸福，放爱一条生路。

当你爱的他选择转身离去，请你也学着转身，把悲伤留到背后，让时间慢慢地淹没，慢慢地分解，直到你能开始新的生活。

痛苦源自执著，因为执著与画地为牢只有一步之隔。其实，不仅仅是爱情，很多痛苦，并不是源自不幸本身，而实在是我们自己过于执著了。

一位哲学大师曾经说过："生命本身是一张空白的画布，随便你在上面怎么画；你可以将痛苦画上去，也可以将完美的幸福画上去。"

一个小男孩儿不小心把手放在茶几上的花樽里。花樽是上窄下阔的一款，所以，他的手伸了进去，但抽不出来。母亲用了很多方法都拉不出他的手来，后来母亲没办法就狠心地把这个很名贵的花樽给砸破了，砸破了才发现原来孩子的手之所以抽不出来，并不是因为瓶口太窄，而是因为他的手里握着一枚硬币不肯松开。

在生活中有很多时候，我们不是也像小男孩儿一样吗？过于执著于自己想要的东西，结果给自己造成更大的损失。其实有很多时候，只要我们舍得放手，很多问题就可以迎刃而解。

佛说，执著是苦，有时候放手反倒成全了美丽。

来自美洲的格林夫妇带着两个儿子在意大利旅游，不幸遭劫匪袭击。7岁的长子尼古拉死于劫匪的枪下，当医生宣布孩子死亡的半小时内，格林先生决定将儿子的器官捐出。尼古拉的脏器分别移植给了亟须救治的6个意大利人：一个患先天性心脏畸形的14岁孩子，拥有了他的心脏；一个19岁的生命垂危少女，获得了尼古拉的肝；一对肾分别使两个患先天性肾功能不全的孩子有了活下去的希望；两个意大利人借助尼古拉的眼角膜得以重见光明。就连尼古拉的胰腺，也被提取出来，用于治疗糖尿病……

格林先生说："我不恨这个国家，不恨意大利人。我只是希望凶手知道他们做了些什么。"他的嘴角虽然掩饰不住悲伤，但是他的面容是坚定而安详的。

当不幸降临，你抓住它不放，它将把你摧残得支离破碎，心神俱疲。但是，你也可以放手，任它摔落在地，不伤你丝毫。抓住还是放手，全在你的选择。

作家素黑说，从来没有命中注定的不幸，只有死不放手的执著。若你不肯放手，即便是微不足道的伤口，被你不停地拨弄，不但不会愈合，反而会加速它的溃烂。放手，再深的伤口，也能痊愈。

擦肩而过也美丽

你错过了朝霞，错过了春日的烂漫，错过了青梅竹马的两小无猜……人生，总是有着许许多多的"擦肩而过"，有这样一句话叫"一时的错过，也许会成为一世的落寞"，但是错过了的永远回不来，与其黯然神伤，不如看轻看淡。

不经意间，当我们与众多美好擦肩而过的时候，不妨这样去想，我们又获得了新生。的确，错过在某种意义上来讲就是重生，擦肩而过也是美丽的。

获得"感动中国"荣誉称号的大学生徐本禹，曾经经过自己的努力，取得了保送读研的机会，但是他却为了他"阳光下的诺言"与这次难得的机会擦肩而过，错过了步步高升，也错过了学术的辉煌，在小村落里支教。他的"擦肩而过"感动了千千万万的人，这种错过给乡村的孩子们送去了阳光和希望。

我们可以错过星星，错过月亮，但是不能错过对美好未来的追求与向往。

每天，甚至于每时每刻，都有人在为错过的人，错过的事伤心懊恼，如切肤之痛，乃至不能自拔。

从前，有一座圆音寺，每天都有许多人上香拜佛，香火很旺。在圆音寺的横梁上有个蜘蛛结了张网，由于每天都受到香火熏陶，蜘蛛便有了佛性。经过了一年的修炼，蜘蛛的佛性增加了不少。

忽然有一天，佛祖光临了圆音寺，看见这里香火甚旺，十分高兴。离开寺庙的时候，不经意间抬头，看见了横梁上的蜘蛛。佛祖停下来，问这只蜘蛛："你我总算是有缘，我来问你个问题，看你修炼了这一千多年，有什么真知灼见。"

蜘蛛遇见佛祖很是高兴，连忙答应了。佛祖问道："世间什么才是最珍贵的？"

蜘蛛想了想，回答道："世间最珍贵的是'得不到'和'已失去'。"佛祖点了点头，离开了。

就这样又过了一千年的光景，蜘蛛依旧在圆音寺的横梁上修炼，它的佛性大增。一日佛祖又来到寺前，对蜘蛛说道："你可还好，一千年前的那个问题，有什么更深的认识吗？"

蜘蛛说："我觉得世间最珍贵的还是'得不到'和'已失去'。"

佛祖说："你再好好想想，我会再来找你的。"

又过了一千年，有一天，刮起了大风，风将一滴甘露吹到了蜘蛛网上。蜘蛛望着甘露，见它晶莹透亮，很漂亮，顿生喜爱之意。

蜘蛛每天看着甘露很开心，它觉得这是三千年来最开心的几天。突然，刮起了一阵大风，将甘露吹走了。蜘蛛一下子觉得失去了什么，感到很寂寞和难过，

佛祖又来了，问蜘蛛："这一千年，你可好好想过这个问题：世间什么才是最珍贵的？"

蜘蛛想到了甘露，对佛祖说："世间最珍贵的是'得不到'和'已失去'。"

佛祖说："好，既然你有这样的认识，我让你到人间走一遭吧。"

就这样，蜘蛛投胎到了一个官宦家庭，成了一个富家小姐，父母为她取名蛛儿。一晃，蛛儿到了十六岁了，已经成了个婀娜多姿的少女。

这一日，皇帝决定在后花园为新科状元郎甘鹿举行庆功宴席。来了许多妙龄少女，包括蛛儿，还有皇帝的小女儿长风

公主。

　　状元郎在席间表演诗词歌赋，大献才艺，在场的少女无一不为他倾倒。但蛛儿一点也不紧张吃醋，因为她知道，这是佛祖赐予她的姻缘。

　　过了些日子，说来很巧，一日，蛛儿陪同母亲到庙里进香，正好甘鹿也陪同母亲而来。上完香拜过佛，二位长者在一边说上了话。蛛儿和甘鹿便来到走廊上聊天，蛛儿很开心，终于可以和喜欢的人在一起了，但是甘鹿并没有表现出对她的喜爱。

　　蛛儿对甘鹿说："你难道不曾记得十六年前，圆音寺的蜘蛛网上的事情了吗？"

　　甘鹿诧异，说："蛛儿姑娘，你漂亮，也很讨人喜欢，但你的想象力未免丰富了一点吧。"

　　说罢，和母亲离开了。

　　蛛儿回到家，心想，佛祖既然安排了这场姻缘，为何不让他记得那件事，甘鹿为何对我没有一点儿感觉？

　　几天后，皇帝下诏，命新科状元甘鹿和长风公主完婚；蛛儿和太子芝草完婚。这一消息对蛛儿如同晴空霹雳，她怎么也想不通，佛祖竟然这样对她。

　　几日来，她不吃不喝，穷究冥思，灵魂就将出窍，生命危在旦夕。太子芝草知道了，急忙赶来，扑倒在床边，对奄奄一息的蛛儿说道："那日，在后花园众姑娘中，我对你一见钟情，我苦求父皇，他才答应。如果你死了，我也就不活了。"说着就拿起了宝剑准备自刎。

　　就在这时，佛祖来了，他对快要出窍的蛛儿的灵魂说："蜘蛛，你可曾想过，甘露（甘鹿）是由谁带到你那里来的呢？是风（长风公主）带来的，最后也是风将它带走的。甘鹿是属于长风公主的，他对你不过是生命中的一段插曲。而太子芝草是当年圆音寺门前的一棵小草，他看了你三千年，爱慕了你三千年，但你从没有低下头看过它。蜘蛛，我再来问你，世间什么才是最珍贵的?"

蜘蛛听了这些真相之后，一下子大彻大悟了，她对佛祖说:"世间最珍贵的不是'得不到'和'已失去'，而是现在能把握的幸福。"刚说完，佛祖就离开了，蛛儿的灵魂也回位了，睁开眼睛，看到正要自刎的太子芝草，她马上打落宝剑，和太子紧紧地拥抱在一起……

有些人，抓住了就是抓住了，错过了就是错过了，只能说情深缘浅。人生的旅途中有太多的岔口，一转身也许就是一辈子。既然注定了要错过，就让它错过好了，我们要尽可能地享受这份美丽。

不必为已经错过的忧愁痛苦，紧紧抓住现在，不要为旧的悲伤，浪费新的眼泪。

抓住的才是幸福

幸福是什么？是财富？是自由？是爱情？

曾经紧紧地将它握在手心，它却像细沙一样悄然无情地从指缝间流失，攥到累了，将手放了，它又停止了流动，稳稳地聚在手中，就这样，不经意间，幸福被我留住了。

一些东西，一些人，注定与你只能擦肩而过，刻意的挽留，只能心力交瘁。偶尔的时候，放开你的双手，不刻意，不经营，只是一个简单的动作——放手，幸福就在不经意间被你留住了。

看看自己，你拥有什么，失去或不曾拥有什么。对于失去的或不曾拥有的，我们无须叹息抱怨；对于所拥有的，我们应该更加珍惜，悉心地呵护它，不让它失去。那么，此时此刻，你就发现，自己所拥有的就是幸福，它无处不在。

一天早晨，斯利醒来后，又回忆起往日的梦境。"我真是太不幸了。"斯利对他最要好的朋友说。

"为什么？"朋友问。

"因为我的妻子和梦想中的不一样。"

"你的妻子既漂亮又贤惠，"他的朋友说，"她创作了动人的绘画并能做美味的菜。"

但斯利对此却不以为然。

"我真是太伤心了。"有一天斯利对妻子说。

"为什么？"妻子问。

"我曾梦想住在一所有门廊和花园的大房里，但是现在却住进了47层高的公寓。"

"可我们的房间不是很舒适嘛，而且还能看见大海，"妻子说，"我们生活在爱情与欢乐中，而且我们还有三个漂亮的孩子。"

但斯利却听不进去。

"我实在是太悲伤了。"斯利对他的医生说。

"为什么？"医生问。

"我曾梦想成为一名伟大的探险家，但现在却成了一名秃顶的商人，而且膝盖落下了残疾。"

"你提供的药品已经挽救了许多人的生命。"

可斯利对此却无动于衷。结果，医生收了他110美元并把他送回了家。

"我的确是太不幸了。"斯利对他的牧师说。

"为什么？"牧师问。

"因为我曾梦想有三个儿子，可我却有了三个女儿。"

"但你的女儿聪明又漂亮。"牧师说。

可斯利却听不进去。极度的悲伤终于使斯利病倒了。

他躺在洁白的病床上，看着那些正在为他进行检查和治疗的仪器——而这些则是由他卖给这所医院的。

一天夜里，斯利梦见自己对上帝说："小的时候，你曾答应满足我的所有要求，可你为什么没有把那些赐予我？"

"我能够赐给你，"上帝说，"不过，我想用那些你没有梦见的东西而使你惊奇。我已经赐予你一个美丽而善良的妻子、一个体面的职业、一个好的住所及三个可爱的女儿。这些的确都是最美好的……"

"可是，"斯利打断了上帝的话，"你并没把我真正想要得到的赐给我。"

"但我想，你会把我所真正希望得到的给予我。"上帝说。

"你需要什么？"斯利从未想过上帝要得到什么。

"我要你愉快地接受我的恩赐。"

过一夜，斯利决定重新再做一个梦。

斯利康复了，幸福地生活在位于 47 层的家中。斯利喜欢孩子们的美妙声音，喜欢妻子那深棕色的眼睛与精美的花鸟画。从此，斯利的生活充满了阳光。

我们总是喜欢去渴望那些不属于我们的东西，而看不到已经抓住了的幸福。幸福如果没有好好把握住，就像在流星飞过的时候没有及时许下心愿，它就会同流星一样，成为稍纵即逝的光芒。

当有些人有些事从你身边离去，不要悲伤，不要感叹，去看看自己已经抓住的，那些才是真正属于你的幸福。

过去的幸福像流水，流走了就不会再回来，未来的幸福就像海市蜃楼，看到的只是虚幻。只有现在已经在你手中的幸福像影子紧紧跟着你。

幸运躲在善良背后

幸运有时就如同一个淘气的孩子，喜欢躲在善良背后，如果你没有一颗善良的心，那么它背后也就不存在那份幸运。

在一个闹饥荒的城市，一个心地善良的面包师把最穷的几十个孩子聚集到一块，然后拿出一个盛有面包的篮子，对他们说："这个篮子里的面包你们一人一个。在上帝带来好光景以前，你们每天都可以来拿一个面包。"

瞬间，这些饥饿的孩子一窝蜂地拥上来，当他们每人都拿到了面包后，竟然没有向这位好心的面包师说声谢谢就走了。

只有一个叫依娃的小女孩例外，她谦让地站在一步以外，等别的孩子都拿到以后，把剩在篮子里的最小的一个面包拿起来，向面包师表示了感谢并亲吻了面包师的手之后才向家走去。

第二天，面包师又把盛面包的篮子放到了孩子们的面前。其他孩子依旧如昨日一样疯抢着，最后，依娃只得到一个比头一天还小的面包。回家以后，妈妈切开面包，许多崭新发亮的银币掉了出来。

妈妈惊奇地叫道："这一定是面包师揉面时不小心揉进去的，立即把钱送回去，快去！"当依娃来到面包师面前的时候，面包师慈爱地说："不，我的好孩子，这没有错。是我故意把银币放进小面包里的，我要奖励你。愿你永远保持现在这样一颗善良、感恩的心。"

上帝在造物时，将善良的种子洒在了无垠的大地上，所以世间万物才会感到温馨。但是在现实的挤压下，善良越来越变得一文不值，更多的不公和苦痛让越来越多的人放弃了善良的本性，却不知道，善良是最宝贵的财富。

一天早晨，便利超市收银台前站着一个小男孩，他手里举着一个面包和一罐红茶，他向店员小姐说：

"面包和红茶分开各打一张发票，谢谢！"

排在他后面的一个阿姨笑着说：

"多拿一张发票，难道就比较容易中奖吗？"

那名小男孩转头对那个阿姨说：

"不会呀！我每个月最少都会对中两百元，最高纪录还对中过四万元哩！"

那位阿姨开始对他的幸运感到好奇和羡慕，小男孩继续说道：

"我妈妈每天早上都会给我二十元买早餐吃，妈妈赚钱很辛苦，而我爸爸很早以前就离开我们了。妈妈说，不吃早餐，头脑会变笨，可是，我实在很想帮妈妈省钱。后来，我决定每天的早餐都到便利商店买，因为有发票可以拿，要是去一般的早餐店，钱花完了就什么也没有了。我想，如果我每个月都能对中奖金的话，不就可以替妈妈省钱了吗！"

一个心地善良的好孩子，想得奖金的出发点完全不是为自己，难怪他会如此幸运了。

可见，上天真是有眼睛的，唯有善良的人值得庇护。

通用公司要裁员，名单公布，有内勤部办公室的艾丽和密娜达。规定一个月之后离岗。那天，大伙儿看她俩都小心翼翼，更不敢和她们多说一句话。因为，她俩的眼圈都红红的。

第二天上班，这是艾丽和密娜达在通用公司的最后一个月。艾丽的情绪仍很激动，谁跟她说话，她都"冲冲"的，像灌了一肚子的火药，逮着谁就向谁开火。裁员名单是老总定的，跟其他人没关系，甚至跟内勤部都没关系。艾丽也知道，可心里憋气得很，又不敢找老总去发泄，只好找杯子、文件夹、抽屉撒气。"砰砰""咚咚"，大伙儿的心被她提上来又摔下去，空气都快凝固了。

艾丽仍旧不能出气，又去找主任诉冤，找同事哭诉。"凭什么把我裁掉？我干得好好的……"眼珠一转，滚下泪来。

旁边的人心里酸酸的，恨不得一时冲动让自己替下艾丽。自然，办公室订盒饭、传送文件、收发信件，原来属艾丽做的，现在都无人过问。

不久听说，艾丽找了一些人到老总那儿说情，好像都是重量级的人物，艾丽着实高兴了好几天。不久又听说，这次是"一刀切"，谁也通融不了。艾丽再次受到打击，气愤愤的，异样的目光在每个人脸上刮来刮去，仿佛有谁在背后捣她的鬼，她要把那人用眼钩子勾出来。许多人开始怕她，都躲着她。

艾丽原来很讨人喜欢，但后来，她人未走，大家却有点讨厌她了。

密娜达也很讨人喜欢。同事们早已习惯了这样对她："密娜达，把这个打一下，快点儿！""密娜达，快把这个传出去！"密娜达总是连声"答应"，手指像她的舌头一样灵巧。

裁员名单公布后，密娜达哭了一晚上，第二天上班也无精打采，可打开电脑，拉开键盘，她就和以往一样地干开了。密娜达见大伙不好意思再吩咐她做什么，便特地跟大家打招呼，主动揽活。她说："是福跑不了，是祸躲不了，反正这样了，不如干好最后一个月，以后想干恐怕都没机会了。"密娜达心里渐渐平静了，仍然勤快地打字复印，随叫随到，坚守在她的岗位上。

一个月满，艾丽如期下岗，而密娜达却被从裁员名单中删除，留了下来。主任当众传达了老总的话："密娜达的岗位，谁也无可替代；密娜达这样的员工，公司永远不会嫌多！"

财富也好，运气也罢，都是生活对于那些怀有善良之心的人的回馈，酸甜苦辣是生活的基本，但并不是全部，如果你也能够与人为善，那么总会发现藏在善良背后的幸运之神。

第十一章

命运靠自己拐弯

你是否不停问自己："为什么我会是现在这个样子?"

其实你可以改变，就是现在，让你的命运转个弯，快乐与幸福正在悄悄降临。

每天给自己一个微笑

生活，其实并没有拖欠我们任何东西，所以我们没有必要总是板着脸给它看。我们应该感谢它，至少，它给了我们生存的空间。

微笑是一种生活态度，把微笑送给自己，就会为自己擦洗伤痛。在生命之旅中我们必须有这样一种风度，失败与挫折，仅仅是一个记忆，只会使我们更加成熟。带着伤痕给自己一点微笑，才是人生的又一份精彩。

所以微笑送给自己，就不要太多的心情透支。我们要学会过滤自己的心境，善于给自己的心情放假。不停地奔波，让我们的笑声带有几份苦涩。因此要经常打扫心灵的库房，所有昨日的烦恼清扫出去，腾出心灵的空间来存放更多今天的快乐。巨石无法压垮的身躯，有时会被叹息拧弯。

一个人没有一份好心情，物质上再富有也是一种"外强中干"。

把微笑送给自己，就会给自己一份从容。面对争奇斗艳的鲜花，我们会欣赏但不会陶醉，面对袭来的风雨，我们会应对但不会逃避。虽然我们不能停下奔波的脚步，但我们会掌握脚步的节奏。无论是困难还是成功。有了困难，给自己一个微笑，我们不会逃避，会努力面对寻求解决方案，这是一种美丽；有了成功，给自己一个微笑，我们不会骄傲，在成功的喜悦里寻求解脱，坦然前行，让生命的脚步多几份稳健，这同样是一种美丽。

在生命之旅中我们须有这样的一种风度：失败和挫折，不过只是一个记忆，只是一个名词而已，不会增加生命的负重。带着伤痕把胜利的大旗插上成功的高地，在硝烟中露出自豪的笑容，才是人生的又一份精彩。大风可以吹落碎石，却永远吹不倒崇高的大山。我们需要学会过滤自己的心境，善于给自己的心情放假，不停地奔波，让我们的笑声带有几分苦涩。因此，要经常打扫心灵库房，把昨日的烦恼清扫出去，腾出心灵的空间来存放更多的今天的快乐。人生有时候就是活一种心情，心情质量也是生命的质量。

给自己一个微笑，你就会领悟：痛苦一次，对快乐的理解就会更具体一次；失败一次，对成功的认识就会更深刻一次；受挫一次，对顺利的感觉就更清楚一次；失误一次，对认真的意义就会更明白一次。

给自己一个微笑，让心情变得舒畅；给自己一个微笑，让心胸变得开阔；给自己一个微笑，让生活变得更加美好。

每天给自己一个幸福的理由，告诉自己我很幸福，早晨起来，洗洗脸、刷刷牙，照照镜子、微微笑，对镜子里的另一个自己说："我今天会很开心，我要做今天最幸福的自己。"

每天给自己一个微笑，每天给自己一个鼓励，痛苦的事总会过去，敞开心扉，善待自己，以一颗宽容的心接纳别人，相信风雨过后一定会有美丽的彩虹。

常常送给自己一个微笑，让自己时时快乐，你的一生一定是美丽快乐的人生。

落花飘零各有命

一个人的美丽是另一个人的丑，一个人的智慧是另一个人的愚蠢，一个人的优秀也是另一个人的平凡。

回想一下，生活中很多的忧虑与烦恼都来自他人，想要对方不如自己，或者想要对方依照自己的想法去做，就这样，总是想着改变他人，同时让自己远离了应有的快乐。

人生在世，各有各的生存状态，各有各的心路历程，各有各的价值观念，也各有各的命。如果一个人注意调适自我，对物欲的追求少一点，对精神的追求多一点，多一份闲云野鹤的生活，少一点尘世的俗累。那么就可以很从容地欣赏沿途的景色。

人，都拥有着嫉妒心。这是最普遍最根深蒂固的情感。当我们缺少一样必需的东西时，我们痛苦了。当我们渴求一样并非必需的东西而不可得时，我们十倍地痛苦了。当我们不可得而别人却得到了时，我们百倍地痛苦了。

人总是把自己弄得很痛苦，其实，想开了，人各有命，何必自己折磨自己。一朵花凋落了，落在泥土里，每个落下的花瓣掉落的位置各异，还有的也许因为风的存在，会飘得很远，这都是无法选择的。

小岚是个很骄傲的女孩，小雨是个很内向的女孩，俩人约好一同去书店买卡片作为教师节礼物送给老师。

到了书店卡片区，小岚推荐了一张充满金黄稻穗图案的卡片给小雨，个性娴静的小雨闷不作声，于是小岚一路就一直推荐自己的品位，最后小雨买下了这张卡片。小岚更骄傲了，她觉得自己有说服力，可以说服他人的选择。

　　过了几天，小岚接到了小雨寄给她的卡片，就是那张金黄稻穗的卡片。

　　小雨没有因为自己的品位不被认同而难过，反而心存感激，自己依旧坚持自己的美丽品味，用一个美丽的赠予的方法，解决了这个问题。

　　每个人彼此都有各自的美丽，每个人的心灵都是一扇窗，站在窗内看世界，总觉得外面的景致很诱人，总是羡慕别人拥有的一切。殊不知，旁人也在窗外羡慕你的生活。

　　正如卞之琳的一首诗：

　　你站在桥上看风景，

　　看风景的人在楼上看你。

　　明月装饰了你的窗子，

　　你装饰了别人的梦。

　　生活中琐碎的事情每天都在发生，能抛开的就抛开，别忘了把自己的心灵之窗擦拭干净，别让心灵长皱纹。不要老是羡慕别人，可能你也正被别人羡慕着。

转运需要一个簇新的点

克利斯朵夫·李维，是以主演美国大片《超人》而蜚声国际影坛的。然而，1995年5月，正当他在好莱坞红极一时、风光无限之时，一场飞来的横祸改变了他的人生。

在一场激烈的马术比赛中，他意外坠落马下，顿时眼前一片黑暗，几乎是转眼之间，这位世人心目中的"超人"和"硬汉"形象化身的他，就从此成了一个永远只能固定在轮椅上的高位截瘫者。当他从昏迷中苏醒过来，对家人说出的第一句话就是：让我早日解脱吧。

出院后，为了让他散散心，平息他肉体和精神的伤痛，家人推着轮椅上的他外出旅行。

有一次，小车正穿行在落基山脉蜿蜒曲折的盘山公路上。克利斯朵夫·李维静静地望着窗外，发现每当车子即将行驶到无路的关头，路边都会出现一块交通指示牌："前方转弯!"或"注意! 急转弯"的警示文字赫然在目。而拐过每一道弯之后，前方照例又是一片柳暗花明、豁然开朗。山路弯弯，峰回路转，"前方转弯"几个大字一次次地冲击着他的眼球，也渐渐叩醒了他的心扉：原来，不是路已到了尽头，而是该转弯了。他恍然大悟，冲着妻子大喊一声："我要回去，我还有路要走。"

从此，他以轮椅代步，当起了导演。他首席执导的影片就荣获了金球奖；他还用牙关紧咬着笔，开始了艰难的写作，他的第一部书《依然是我》一问世，就进入了畅销书的排行榜，与此同时，他创立了一所瘫痪病人教育资源中心，并当选为全身瘫痪协会理事长。他还四处奔走，举办演讲会，为残障人的福利事业筹募善款，成了一个著名的社会活动家。

后来，美国《时代周刊》以《十年来，他依然是超人》为题报道了克利斯朵夫·李维的事迹。在这篇文章中，他回顾自己的心路历程时说："以前，我一直以为自己只能做一位演员，没想到今生我还能做导演、当作家，并成了一名慈善大使。原来，不幸降临的时候，并不是路已到了尽头，而是在提醒你：你该转弯了！"

有人会问到"为什么前方的路好似遥遥无期，却又那么的棱角分明"我想那便就是你遇到了转弯处，才会那么的记忆犹新。其实老天是公平的，他已经把每个人的路都设计好了，设计得就像是马拉松一样，有一段是慢跑，有一段是跟随，有一段是加速，有一段是超越。老天已经把他安排得很明白。

古时有位北方商人到南方贩茶叶，当他历尽艰辛到达目的地时，当地茶叶早已被其他商人抢购一空。情急之中，他突然心生一计，将当地用来盛茶叶的箩筐全部买下，当其他商人准备将所购茶叶运回时，才发现已无箩筐可买！无奈只得求助于这位商人。结果这位北方商人轻而易举地在想赚钱的人身上赚了一大笔，还省下了往北方运茶叶的运费和麻烦，直接将钱带回了家。

在一次又一次的转弯中，你会发现，不知不觉地，你越发的成熟了，越发的理智了，越发的理性了。每一次的转角，便是一次历练，历练的结果，不是赢，那便是输了。而老天所给予的自然也不同，腾飞或潜底。

而当你发现你已经熟练地掌握，何时应该转变，何时应该改进，何时应该放弃。放弃并不是退缩，而是为了迈向更好的路而做的一点点理性的改变，那便是古人说的以退为进吧。

学会转弯，其实就是应该懂得改变，这是真正的勇士不安于现状的表现，这是真正的伟人之所以伟大的体现，这是智者与庸人真正不同的展现。学会转弯，便要忘记荣耀，排除万难，从零做起。

命运在心中

"命"在《诗经》中具有"命定"的意思。"命"可解作"生命或性命"。运："运"是"机运""时运""机遇""机会"等，"运"在变化的。"命运"：也可解释为一个人一生中某一段生命的运行中所出现"酸甜苦辣、成功与失败、痛苦与快乐、幸福与苦难、富贵与贫穷、生老病死的经历"的各种境遇。

事实上，所谓命运，指的是人生的一定的遭遇。人在生命的旅程中，会遇到各式各样的矛盾。有些矛盾出之于必然性，有些问题的产生来源于偶然性。这必然与偶然的交错结合的客观因素，加上人的主观努力，改变着事物的运动方向，就形成了人的千变万化的种种遭遇，也就是各不相同的命运。

人生途中，世事无常，命途难测。生来死去，是自然规律，谁也无法抗拒。性格决定命运，命运在心中。在烦恼不断的人生中，只要自己"扼住命运的咽喉"，用智慧之剑，去斩断连绵不断的愁绪，才能真正成为生命的强者。当一人老是叹息命运不公时，他已经自损其命。

不论你是笼罩在失望阴影下的大学生，还是很不顺心的工作者，你都得找到自己的信心，然后去努力。不要把时间都浪费在埋怨、牢骚、忧虑上，没有人对不起你。更不要把自己当成是偶像剧里的男女主角，你能够给自己的优势就是能力，如果你不去改变，一味陷入忧虑，那么就等于你错失了最后的机会。

古人言："心好命又好，富贵直到老；命好心不好，福变成祸兆；心好命不好，祸转成福报；心命俱不好，遭殃且贫夭；心可挽乎命，最好存仁道；命实造于心，吉凶唯人召；信命不好心，阴阳恐虚矫；心一听命，天地自相保。"

人的命运，其实掌握在自己手中，自己一念之善上天堂，一念之恶落地狱，天堂地狱，痛苦与快乐，完全取决于自己。

一个星期六的早晨，牧师正在准备第二天的布道。他的妻子有事出去了，小儿子在家哭闹不休，严重扰乱了他的思路。心烦意乱中，牧师随手拿起一幅色彩鲜艳的世界地图，把它撕碎并且丢在地上，对他的儿子说："小约翰，你如果能把这些碎片拼起来，我就给你2角5分钱。"

牧师以为这件事会花掉约翰一个上午的时间。但没过10分钟，就有人在敲他的房门，是他的儿子。牧师看到约翰如此之快地拼好了一幅世界地图，十分惊奇地说："孩子，你是怎样成功的呢？""这很容易，"小约翰慢腾腾地说，"爸爸，地图的反面有一个人的照片，我试着把这个人的照片拼到一起，然后把它翻过来。我想，如果这个人是拼对了的，那么，这个地图世界也就拼对了。"

牧师微笑起来一边爽快地付给他儿子2角5分钱，一边高兴地说"儿子，谢谢你，你启发了我！明天的布道，我知道该讲些什么了——如果一个人是正确的，他的世界也就是正确的。"

人生是一本色彩纷呈的大书，并不是每一天都云淡风轻，总有一些飘雨的时节，这就是人生。经历过困难、挫折，甚至与死神擦肩而过的每一个瞬间过后，我们才知道，生命短暂而脆弱，从中更懂得了珍爱生命。我们以坚毅为桨，意志为帆，就必定能在命运大海上，乘长风破万里浪，水击三千里，扶摇直上九万里，从而实现我们美好的人生。

没有伞就跑

5 年前的夏天，我的人生痛苦不堪。父亲因酗酒死于一场事故，撇下了我瘦弱的母亲和两个弟弟。那时，我正上高中。父亲葬礼后，全家人比以前的状态更加糟糕。作为长子，我别无选择，只好退学，到一家工厂打工。

日子就这样平淡无奇地过着。我不敢再有更多的奢求，只希望把两个弟弟抚养成人。然而，那不是轻而易举的事。因为即使我每天从早到晚不停工作，也难以支付他们的学费，更何况我必须考虑多病的母亲……眼前的困境使我想再努力一次，但又好像不切实际，因为我不能再丢掉这份工作。

一线希望突然照亮了那些阴暗的日子。那是一个雨天的黄昏，我置身雨中，走在街上。

雨突然停了，我感到迷惑，就抬起头，发现"天空"其实是一顶深蓝色的伞。随后，我听到一个深沉的声音。"没有伞，为什么不跑？"一位拄着拐杖的独腿中年人对我说。"如果跑，你就不会被淋得湿透。"我摇摇头，却转念又一想：没有伞，为什么不跑呢？他的话普通却深深地震撼了我。没有了父亲的保护，我就只能做命运的奴隶，童年的梦想就只能是幻想吗？

雨中同行时，我知道了他是城里来的推销员，他接到了一份订单，为此花费了很多时间。面对这个人，我没有怜悯，只有钦佩。我默默地从他的右手里接过伞。他告诉我说他曾想做一名警察，但一次意外事故毁灭了他的梦想。尽管现在的工作非常苛刻，不适合他这腿，但每次出门对他来说都是一个奇妙的开始。他很高兴自己没有丧失勇气，仍然"跑"在人生的道路上……

　　一切都似乎是命中注定，但又不总是那样。那个人的话让我深受启发，我去了南方的一个城市，成了一名保险代理人。通过两年的"奔跑"，我取得了一些业绩，家境也渐渐好转。因为童年的梦想，我又回到了高中。前年夏天，我终于考上了大学。

　　生活就是这样：当你处在人生的雨季时，如果你无法尽快找到防止雨淋的方法，就要被雨水淋透，但如果你决定摆脱，你会发现，雨季并非像你原来想的那样长。

　　一切都是那么简单：没有伞，就跑！跑出人生的雨季，你前面就会是一片晴朗的天空。

美美地活着

　　人生是漫长而又短暂的历程，归结实质，不过是从零到零而已，都是在这个地方诞生，都是在这个地方消失。

　　每个人都是赤裸裸地来，又赤裸裸地走，这从零到零的过程，却大有学问。第一个"零"即"没有"，每个人都是从一无所有开始，但是有的人的一生平平庸庸，昏昏沉沉，到生命停止那一刻依然一无所有，还是"零"，那么这个"零"就还是"没有"；然而有的人虽然也是从"没有"开始，但是用尽一生努力生活，用心爱，用心做事，有着一段又一段的经历，当生命终止，他也是"零"，但这个"零"的意思是"圆满"。

　　花有重开日，人无再少年，光阴的逝去就代表不可能回到原点，生命对于每个人只有一次，仅短短的几十年，有的人一波无痕、有的人兴风作浪、有的人晴天霹雳、有的人平步青云、有的人碌碌无为……

　　活着，就要好好地珍惜生命，活出一番属于自己的风格；心胸开阔是对自己的一种释放，没有必要和自己过不去，凡事看得开一些，那就会有出其不意的收获；放下自己的架子，放下那份压得自己喘不过气来的虚伪，美美地活着吧，那样会活的更自在些。

　　在英国某小镇，有一个青年人，整日以沿街为小镇人说唱为生，在这个小镇上，有一个华人妇女，她远离家人在这儿打工。他们总是在同一个小餐馆用餐，于是他们屡屡相遇。时间长了，彼此已十分熟悉。有一日，这位华人妇女关切地对那个小伙子说："不要沿街卖唱了，去从事一个正当的职业吧。我介绍你到中国去教书，在那儿，你完全可以拿到比你现在高得多的薪水。"

小伙子听后，先是一愣，然后反问道："难道我现在从事的不是正当的职业吗？我喜欢这个职业，它给我也给其他人带来欢乐，有什么不好？我何必要远渡重洋，告别亲人，抛弃家园，去做我并不喜欢的工作？"

邻桌的英国人也都为之愕然。他们不明白，仅仅为了多挣几张钞票就抛弃家人，远离幸福，有什么可以值得追求的。在他们的眼中，家人团聚，平平安安，才是最大的幸福。它与财富的多少、地位的贵贱无关。

天有不测风云，人有旦夕祸福。生命只要存在，就有意义，就会精彩。当一场大的灾难来临之时，人类的生命是那么的微不足道，转眼之间昔日的美丽小城已成废墟一堆；这时，号啕声、哀怨声、哭喊声……生还者，谢天谢地，再次面对人生，显得如此的阔然、淡定，原来生命是如此的可贵，他们更进一步地明白了人活着，就应该美美地活着。然而非要等到死里逃生才明白生命的真谛吗？

有一个美国商人坐在墨西哥海边一个小渔村的码头上，看着一个墨西哥渔夫划着一艘小船靠岸。小船上有好几尾大黄鳍鲔鱼，这个美国商人对墨西哥渔夫能捕这么高档的鱼恭维了一番，还问要多少时间才能收获这么多？

墨西哥渔夫说，才一会儿工夫就抓到了。美国人再问，你为什么不待久一点，好多捕一些鱼？

墨西哥渔夫觉得不以为然："这些鱼已经足够我一家人生活所需啦！"

美国人又问："那么你一天剩下那么多时间都在干什么？"

墨西哥渔夫解释："我呀？我每天睡到自然醒，出海捕几条鱼，回来后跟孩子们玩一玩，再跟老婆睡个午觉，黄昏时晃到村子里喝点小酒，跟哥儿们玩玩吉他，我的日子可过得充实而又忙碌呢！"

美国人不以为然，帮他出主意，他说："我是美国哈佛大学的企业管理学硕士，我倒是可以帮你忙！你应该每天多花一些时间去抓鱼，到时候你就有钱去买条大一点的船。自然你就可以抓更多鱼，再买更多渔船，然后拥有一个渔船队。到时候你就不必把鱼卖给鱼贩子，而是直接卖给加工厂，然后自己开一家罐头工厂。如此你就可以控制整个生产、加工处理和行销。你就可以离开这个小渔村，搬到墨西哥城，再搬到洛杉矶，最后到纽约。在那里经营你不断扩充的企业。"

墨西哥渔夫问："这要花多少时间呢？"

美国人回答："十五到二十年。"

"然后呢？"

美国人大笑着说："然后你就可以在家运筹帷幄啦！时机一到，你就可以宣布股票上市，把你的公司股份卖给投资大众。到时候你就发啦！你可以几亿几亿地赚！"

"再然后呢？"

美国人说："到那个时候你就可以退休享受啦！你可以搬到海边的小渔村去住。每天睡到自然醒，出海随便捕几条鱼，跟孩子们玩一玩，再跟老婆睡个午觉，黄昏时，晃到村子里喝点小酒，跟哥儿们玩玩吉他！"

墨西哥渔夫疑惑地说："我现在不就是这样了吗？"

我们活着到底为了什么？是名利还是金钱？是权利还是地位？其实，我们需要的只是美美地活着。

人生需要好好去爱，好好地去生活。青春短暂，不要叹老，要时不时地提醒自己，自己在做什么，自己该做什么。给自己一个远大的前程和目标，不顺心的时候多看看天空，也记得看看自己脚下，也许就会有意外的感动。